普通高等院校教材

# 设 计 初 步

主　编　郝峻弘
副主编　周　凡　邓晓莹

中国建材工业出版社

图书在版编目（CIP）数据

设计初步/郝峻弘主编. —北京：中国建材工业
出版社，2013.6（2020.3 重印）
IBSN 978-7-5160-0425-8

I. ①设… Ⅱ. ①郝… Ⅲ. ①建筑设计 – 高等学校 –
教材　Ⅳ. ①TU2

中国版本图书馆 CIP 数据核字（2013）第 078275 号

## 内 容 提 要

本书系统介绍了建筑及园林的基本知识、设计形象思维、空间造型、基本设计
能力和设计绘图方法等内容，全书共分十一章，包括绪论、字体与线条、建筑配景
与速写、色彩知识及渲染、建筑及园林抄绘、建筑及园林测绘、建筑模型制作、构
成知识概述、空间设计入门、经典建筑及园林作品分析、小建筑及园林设计。本书
采用专业进阶的编排顺序，重点讲解设计基础的专业技能技法，方便学生循序渐进
地掌握课程内容，为学生后续的设计课程提供基本知识和设计方法。

本书适合作为高等院校建筑学、城乡规划、风景园林设计、室内设计、环境艺
术设计等建筑及室内外设计工程类相关专业教材，也可作为从事建筑设计、城乡规
划、园林景观设计、室内设计等技术人员及管理人员的设计专业基础参考书。

**设计初步**

郝峻弘　主编

周　凡　邓晓莹　副主编

出版发行：中国建材工业出版社
地　　址：北京市海淀区三里河路 1 号
邮　　编：100044
经　　销：全国各地新华书店
印　　刷：北京雁林吉兆印刷有限公司
开　　本：787mm×1092mm　1/16
印　　张：13.75
字　　数：340 千字
版　　次：2013 年 6 月第 1 版
印　　次：2020 年 3 月第 3 次
定　　价：35.00 元

本社网址：www.jccbs.com.cn
本书如出现印装质量问题，由我社发行部负责调换。联系电话：（010）88386906

# 前　　言

　　"设计初步"是针对建筑学、城市规划、风景园林设计、室内设计等专业的一门基础课程，学生在该课程的学习中，应掌握必要的理论知识、设计基本概念和设计方法，基本具备初步设计能力。

　　本书在内容组织上，突出开拓设计意识，并按照"应用型"人才培养目标的基本要求编写，弥补了目前大部分教材基础理论叙述过多，应用技能指导示范内容偏少，没有从根本上反映出"应用型"高校教材特征的不足。教材内容顺序依照各部分内容的逻辑关系，循序渐进、由浅入深，编排合理。同时考虑学校和学生特点相适应，能满足学分制、弹性学制下对教材内容适当取舍的要求，突出实训课程的教学教法，强化应用、实用技能的培养，有助于学生更好地掌握本门课程的知识、设计理论和实训技能。

　　为使学生能够综合运用所学的专业理论知识，本书重点分为"教学"和"实训"两大部分。"教学"重点讲解专业基础理论、阐述设计观点、分析设计实例等；"实训"通过实训作业的模式，使学生掌握基本的设计技法，了解设计过程、关注设计要点。本书每一章后都附有思考题，部分章节后附有课程设计任务书。本书借鉴香港中文大学对于设计初步课程的改革思想，增加设计知识的本质和空间构成等相关知识，强调各要素形态和空间布局设计，重视设计方法和实际操作的训练。

　　本书由北京城市学院郝峻弘任主编，东南大学建筑研究所周凡、北京城市学院邓晓莹任副主编。编写成员及编写的具体分工为：第1、第9章由北京城市学院郝峻弘编写；第2章由天津城市建设学院杨悦编写；第3章由北京城市学院刘菲菲编写；第4章由东南大学建筑研究所周凡、河北工程大学马玉洁编写；第5、第8章由北京城市学院邓晓莹编写；第6章由北京工业大学耿丹学院李鑫编写；第7章由北京工业大学耿丹学院刘少帅编写；第10章由北京城市学院王丽华、北京工业大学耿丹学院李鑫编写；第11章由内蒙古科技大学王娟、廊坊职业技术学院李名地编写。本书第3章图片后期整理工作由北京城市学院刘佳旭同学完成。本书由郝峻弘、周凡最后统稿、定稿。

　　本书的编写工作得到了多所院校领导和许多教师的支持和帮助，在此表示衷心的感谢；同时参考和借鉴了国内同类教材和相关的文献资料，在此特向有关作者致以深切的谢意，由于部分文字、图片等资料来源于多年教学课件总结，出处不详，请原著者见书后与出版社或主编联系。

　　由于编者水平有限，书中难免存在错误和不足，敬请读者批评指正。

编者

2013 年 5 月

# 目　　录

# 第 1 章 绪 论

请按表 1 – 1 的教学要求，学习本章的相关教学内容。

表 1 – 1 教学内容和教学要求表

| 教 学 内 容 | 教学要求 |
|---|---|
| 1.1 建筑概述 | |
| 1.1.1 建筑定义 | 掌握 |
| 1.1.2 古典建筑发展历程 | 了解、熟悉 |
| 1.1.3 建筑组成及其功能 | 重点掌握 |
| 1.2 园林环境概述 | |
| 1.2.1 园林的定义 | |
| 1.2.2 古典园林发展历程 | 了解、熟悉 |
| 1.2.3 现代园林简介 | |

## 1.1 建筑概述

### 1.1.1 建筑定义

在远古时代，人类的祖先就已经从艰难的建造穴居和巢居开始，逐步掌握了营建地面建筑的技术，创造了原始的木架建筑，满足人们最基本的居住和公共社会活动的需求。图 1 – 1 所示为郑州大河村 $F_{1-4}$ 遗址平面及想象外观复原图；图 1 – 2 所示为西安半坡村 $F_{22}$ 遗址平面及想象外观复原图。图 1 – 3 所示为西方原始宗教与纪念性建筑物。

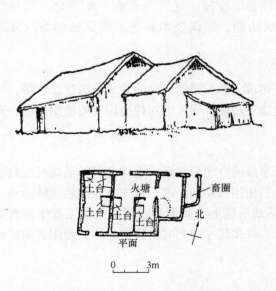

图 1 – 1 郑州大河村 $F_{1-4}$ 遗址平面及想象
外观复原图

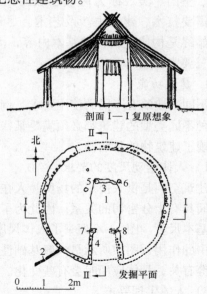

图 1 – 2 西安半坡村 $F_{22}$ 遗址平面及
想象外观复原图
1—灶坑；2—墙壁支柱炭痕；3—隔墙；4—隔墙；
5~8—屋内支柱

1

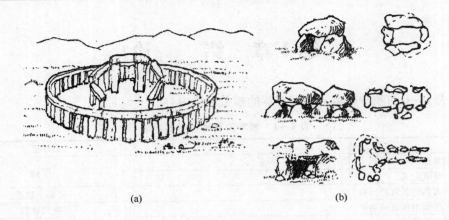

图 1-3 西方原始宗教与纪念性建筑物

(a) 石环；(b) 石台

建筑是指建筑物与构筑物的总称，通常把直接供人使用的"建筑"称为"建筑物"，如住宅、学校、商店、影剧院等；而把不直接供人使用的"建筑"称为"构筑物"，如水塔、烟囱、水坝等。这两类"建筑"在所用材料、构造形式、施工方法上都相同，因而统称之为建筑。本书研究的重点是建筑物，简称"建筑"，是一种人工创造的空间环境，它是人们日常生活和从事生产活动不可缺少的场所。建筑在满足人们物质生活的需要基础上，还应满足人们不同的艺术审美需求，因而建筑是一门融社会科学、工程技术和文化艺术的综合科学。

公元前 32 年至公元前 22 年，由古罗马建筑师维特鲁威撰写的《建筑十书》中，将实用、坚固、美观称为构成建筑的三要素，概括地阐明了建筑要满足人们的使用要求、建筑需要技术、建筑也涉及艺术。尽管随着社会的发展，建筑一直在不断变化，但是这三者始终是构成建筑物的基本内容，因此建筑功能、建筑技术和建筑形象通称为构成建筑的三要素。

1. 建筑功能

不同的建筑有不同的使用要求，例如居住建筑、教育建筑、交通建筑、医疗建筑等，但是各种不同类型的建筑都必须满足某些基本的建筑功能，即人们对建造房屋的使用要求，充分体现了建筑物的目的性。

1）人体活动尺度的要求

建筑空间是供人使用的场所，人在建筑所形成的空间里活动，人体的各种活动尺度与建筑空间具有十分密切的关系。因此为了满足人们使用活动的需求，首先应该熟悉人体活动的一些基本尺度。图 1-4 列举了人体尺度及其活动所需的空间大小，说明人体工效学在建筑设计中的作用，图中所示是一般基础性的要求，许多尺寸与当时的经济条件、使用者的实际需要等有关，具体应用时会有些变化。

2）人的生理要求

人的生理要求主要是指人对建筑物的朝向、保温、防潮、隔热、隔声、通风、采光、照明等方面的要求。随着物质技术水平的提高，可以进一步通过改进材料的各种物理性能、使用机械通风等辅助手段，使建筑满足上述生理要求。

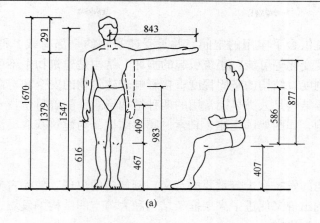

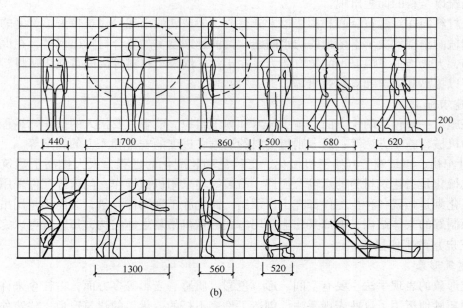

图1-4 人体尺度和人体活动所需的空间尺度

（a）人体尺度；（b）人体活动所需的空间尺度

3）使用过程和特点的要求

在各种不同类型的建筑中，人的活动经常是按照一定的顺序或路线进行的。例如航空港建筑必须充分考虑旅客的活动顺序和特点，建筑应合理地安排好入口大厅、安检厅、候机厅、进出口等各部分之间的关系。再如剧院建筑的视听要求，图书馆建筑的出纳管理要求，实验室对温度和湿度方面的特殊要求等，都直接影响着建筑的使用功能。

不同类型的建筑功能不是一成不变的，它随着人类社会的不断发展和人们物质文化生活水平的不断提高，也会有不同的要求和不同的内容。

2. 建筑技术

建筑技术是实现建筑设计的条件和手段，是指房屋用什么建造和怎样建造的问题，如建筑材料技术、结构技术、施工技术和建筑设备等。结构和材料构成建筑的骨架，设备是保证建筑物达到某种要求的技术条件，施工是保证建筑物实施的重要手段。

1）建筑结构

建筑结构为建筑提供合乎实用的空间，并承受建筑物的全部荷载，抵抗由于风雪、地震、土壤、沉陷、温度变化等可能对建筑引起的损坏。结构是建筑物中不可变动的部分，必须具有足够的强度和刚度。结构的坚固程度直接影响着建筑物的安全和寿命。

梁板柱结构和拱券结构是人类早期常用的两种结构形式，随着科学技术的发展，相继出现了一些新型空间结构，如网架、壳体、悬索、膜等结构，为建筑获取灵活多样的空间提供了条件。

2）建筑材料

建筑材料对于结构的发展有十分重要的意义。例如砖的出现，使得古典建筑中拱券结构得以发展；钢和水泥的出现又促进了高层框架结构和大跨空间结构的发展；而塑胶材料则使得充气建筑以全新的面貌出现。

建筑材料同样对建筑装修和构造也十分重要。如玻璃的出现给建筑带来了更多的方便和光明，油毡的出现解决了平屋顶的防水问题。目前越来越多的复合材料出现了，在混凝土中加入钢筋，大大增强了混凝土的抗弯能力；在铝材、混凝土材料等内设置泡沫塑料、矿棉等夹心层可以提高其隔声和隔热效果等。

3）建筑施工

建筑施工一般包括两个方面：施工技术和施工组织。前者主要指人的操作熟练程度、施工工具和机械、施工方法等；后者则指材料的运输、进度的安排和人力的调配等。

20 世纪初，建筑施工开始了机械化、工厂化和装配化的进程，大大提高了建筑施工的速度。机械化是指建筑材料的运输、搅拌、吊装等均采用机械操作，门窗等配件采用机械加工；工厂化则是强调各种构配件都在工厂预制，简化施工现场作业量；装配化是用吊车等设备吊装预制好的主体结构，例如某住宅楼用塔式起重机吊装主体结构，每天就可以完成一个单元（三户）的工作量。

3. 建筑形象

建筑形象的表现手法主要有空间、形、色彩、质感、光影等多方面，古往今来许多优秀的设计师巧妙地运用了这些表现手法，创造了许多不朽的、优美的建筑形象。建筑外部形体和内部空间的组合，应遵循美的法则来构思设想，如统一、均衡、稳定、对比、韵律、比例和尺度等。不同时代，不同地区，不同民族，尽管建筑形式差别较大，人们的审美观念各不相同，但是建筑美的基本原则是一致的，是人们普遍认同的客观规律，是具有普遍性、必然性和永恒性的法则。

1）比例

建筑形体处理中的"比例"，包括两方面的内容：一方面是指建筑物的整体或局部某个构件本身长、宽、高之间的大小关系；另一方面是指建筑物整体与局部或局部与局部之间的大小关系。任何物体，不论何种形状，都必然存在着三个方向——长、宽、高的度量，比例所研究的就是这三个方向度量之间的关系问题，如大小、高矮、长短、宽窄、厚薄、深浅等比较关系，是相对的，不涉及具体尺寸。推敲比例，则是指通过反复比较而寻求出三者之间最理想的关系。和谐的比例能引起人的美感，各个时代、各类建筑、各个地区及民族，都有不同的建筑比例，形成了丰富多彩的建筑风格。建筑构图中的比例分析法常用的包括轴线分析、几何比率、黄金分割等。

建筑外立面中矩形最为常见，建筑的门、窗、墙等要素绝大多数呈矩形，这些不同的矩形的对角线若重合、平行或垂直即意味着立面上各要素具有相同的比率，即各要素均呈相似形，将有助于形成和谐的比例关系，如图 1-5 所示。

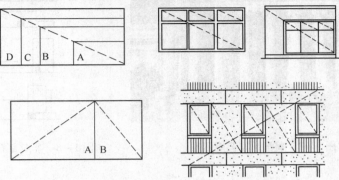

图 1-5　以相似比例求得和谐统一

（a）对角线相互重合；（b）对角线相互平行；（c）对角线相互垂直

2）尺度

尺度所研究的是建筑物的整体或局部给人感觉上的大小印象和其真实大小之间的关系问题。尺度研究要素真实大小和尺寸，但却不是指要素真实尺寸的大小，而是指要素给人感觉上的大小印象和其真实大小之间的关系。在建筑设计中，常以人或与人体活动有关的一些不变因素，如台阶、栏杆等作为比较标准，因为它们的绝对尺度与人体相适应，一般比较固定，栏杆 1000mm 左右，台阶 150mm 左右。通过将这些不变因素与建筑物整体相比较后，再进行建筑设计将有助于获得正确的尺度感。

3）均衡与稳定

人们从自然现象中意识到一切物体在地球引力的作用下，要想保持均衡和稳定，必须具有一定的条件：例如像山一样上小下大，人们通过建筑实践更加证实了上述原则，例如古埃及金字塔。

均衡包括两种形式，一种是静态均衡，另一种是动态均衡。就静态均衡来讲，又有两种基本形式，即对称的形式和非对称的形式。对称的形式天然就是均衡的，加之它本身又体现出一种严格的制约关系，因此具有一种完整统一性，如图 1-6 和图 1-7 所示，建筑采用中轴对称的形式，给人以端庄、雄伟、严肃的感觉。

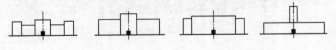

图 1-6　对称布局示意

非对称形式的均衡虽然相互之间的制约关系不像对称形式明显、严格，但是要保持均衡的本身也就是一种制约关系。而且与对称形式的均衡相比较，不对称形式的均衡显得要轻巧活泼得多，如图 1-8 和图 1-9 所示。

除静态均衡外，有很多现象是依靠运动来求得平衡的，这种形式的均衡称为动态均衡。图 1-10 所示为维特拉家具工厂消防站，使用动态均衡布局使得建筑形体的稳定感与动态感高度统一。

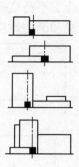

图 1－7　美国国家艺廊西厢　　　　　　图 1－8　非对称布局示意

图 1－9　栗子山母亲住宅　　　　　　图 1－10　维特拉家具工厂消防站

与均衡相联的是稳定，均衡主要研究建筑构图中各要素左与右、前与后相对轻重关系的处理，稳定则重点考虑建筑上下之间轻重关系处理。随着现代新结构、新材料的发展和人们审美观念的变化，关于稳定的概念也有所突破，创造出上大下小，上重下轻，底层架空的建筑形式，如图 1－11 所示，利用悬臂结构的特性、粗糙材料的质感和浓郁的色彩加强底部的厚重感，同样达到稳定的效果。

图 1－11　上大下小的稳定构图

4）韵律

自然界中许多物体或现象有规律的重复出现或有秩序的变化，往往可以激发人们的美感。建筑的形体处理中具有条理性、重复性和连续性为特征的美称为韵律美。韵律指使同一要素或不同要素有规律地重复出现的创作手法，这种有规律的变化和有秩序的重复形成的节奏，能给人以美的感受。

韵律美按其形式特点可以分为以下几种不同类型：

（1）连续的韵律：以一种或几种要素连续、重复的排列而成，各要素之间保持着恒定的距离和关系，可以无止境地连绵延长，如图 1-12 所示，美国科罗拉多州空军士官学院教堂立面连续排列形成连续的韵律。

（2）渐变的韵律：连续的要素如果某一方面按照一定的秩序而变化，例如：逐渐加长或缩短，变宽或变窄，变密或变疏等。由于这种变化取渐变的形式，故称渐变韵律，如图 1-13 所示，其建筑体形由下向上逐渐缩小，取得渐变的韵律。

图 1-12 连续的韵律（图片摘自《建筑设计原理与方法》朱瑾编著）

图 1-13 渐变的韵律

（3）起伏的韵律：渐变韵律如果按照一定的规律时而增加，时而减小，有如波浪之起伏，或具不规律的节奏感，即为起伏韵律，这种韵律较活泼而富有运动感，如图 1-14 所示，利用建筑屋顶的波浪形结构高低变化、起伏波动，形成起伏的韵律。

（4）交错的韵律：各组成部分按一定规律交织、穿插而形成。各要素互相制约，一隐一显，便显出一种有组织的变化，如图 1-15 所示，利用相邻两层建筑立面的凹进与凸出的交错进行，形成交错的韵律。

以上四种形式的韵律虽然各有特点，但都体现出一种共性——具有极其明显的条理性、重复性和连续性，因而在建筑设计领域中借助于韵律处理既可以建立起一定的秩序，又可以获得各种各样的变化，获得有机统一性。

图 1-14 起伏的韵律

图 1-15 交错的韵律

5）对比

建筑立面作为一个有机统一的整体，各种造型要素除按照一定秩序结合在一起外，必然还有各种差异，对比所指的就是这种差异性。对比有两种形式，一种强调各要素之间显著的差异，一种强调不显著的差异，又称微差。就建筑形式美而言，这两者都是不可缺少的：对比可以借彼此之间的烘托陪衬来突出各自的特点以求得变化；微差则可以借相互之间的共同性以求得和谐。没有对比会使人感到单调，过分强调对比以至失去了相互之间的协调统一性，则可能造成混乱，只有把两者巧妙地结合在一起，才能达到既有变化又有和谐一致，既多样又统一。

图 1 - 16　对比与微差（图片来自昵图网）

对比和微差只限于同一性质的差别之间，具体到建筑设计领域，主要表现在以下几个方面：大与小的对比，形状的对比，方向的对比，直与曲的对比，虚与实的对比以及色彩、质感等的对比。对比强烈则变化大，能突出重点，对比小，则变化小，易于取得相互呼应、协调的效果。

在立面设计中虚实对比具有很大的艺术表现力。如图 1 - 16 所示，门窗洞口在形状上有微差，实墙面与柱廊虚空间形成强烈对比，使得整个立面处理机既和谐统一又富有变化。

建筑功能、建筑技术和建筑形象三者是辩证的统一，又相互制约。通常情况下建筑功能起主导作用，满足功能要求是建筑物的主要目的；建筑技术是手段，依靠它可以达到和改善功能要求；而一些有纪念性、象征性等的建筑物的形象则非常重要，其形象和艺术效果常常起着决定性的作用，成为主要因素。

## 1.1.2　古典建筑发展历程

建筑是人类创造的最伟大的奇迹和最古老的艺术之一。从古埃及大漠中的金字塔、罗马庞培城的斗兽场到中国的古长城，从秩序井然的北京城、宏阔显赫的故宫、圣洁高敞的天坛、诗情画意的苏州园林、清幽别致的峨眉山寺到端庄高雅的希腊神庙、威慑压抑的哥特式教堂、豪华炫目的凡尔赛宫、冷峻刻板的摩天大楼等无不闪耀着人类智慧的光芒。

据炫文字记载，人类大概在距今七千多年的上古时期时开始从事建筑活动，人们使用木材和泥土开始从穴居野处、构木为巢发展到在地面上建筑房屋。真正开始大规模的建筑活动，是从奴隶社会开始，随着社会的不断发展，历经各朝各代无数人的艰苦努力，建筑类型日益丰富，建筑技术不断提高，世界各地不同的建筑逐步形成了多种成熟的体系。以中国为代表的东方建筑体系、欧洲国家和地区为代表的西方建筑体系等，不论在城市规划、建筑群、园林、民居等方面，还是在建筑空间处理、建筑艺术与材料结构方面，其设计方法和施工技术等，都对今天的建筑创作提供了有益的借鉴。

1. 中国古典建筑简介

中国古典建筑以木材为主要的建筑材料，小到简单的个体建筑，大到整个城市布局，都形成了完善的做法和制度，成为一种完全不同于其他体系的建筑风格和建筑形式，如图 1 - 17 所示。这个体系还影响到日本、朝鲜和东南亚等国家或地区，如图 1 - 18 所示。

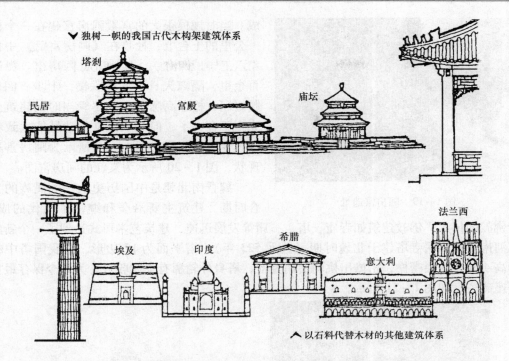

图 1 - 17   中外古代建筑体系对比（图片来自《建筑初步》田学哲主编）

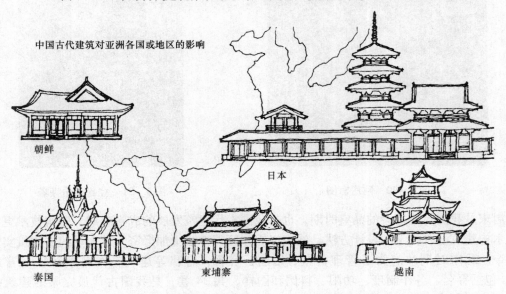

图 1 - 18   中国古代建筑对亚洲各国或地区的影响（图片来自《建筑初步》田学哲主编）

图 1 - 2 所示西安半坡村 $F_{22}$ 遗址是距今约四千年的我国奴隶社会的建筑，传统木构架形式在当时已经初步形成，遗址上有大量的夯土的房屋台基，上面排列着整齐的卵石柱础和木柱的遗迹。

秦汉时期我国古代建筑进一步发展，已经有了完整的廊院和楼阁，外立面由屋顶、屋身和台基三部分组成，结构做法有梁柱交接斗拱等形式，表明古代建筑的一些主要特征均已形

图 1 - 19　阿房宫遗址

成。当时规模很大的宫殿阿房宫建在一个横阔一公里的土台上，杜牧在《阿房宫赋》中描述"六王毕，四海一。蜀山兀，阿房出。覆压三百余里，隔离天日。五步一楼，十步一阁；廊腰缦回，檐牙高啄……"尽管当时的建筑已经完全不存在了，但是从诗文和遗址能大致看出主体建筑的规模。图 1 - 19 所示为阿房宫遗址现状，图 1 - 20 所示为袁江的阿房宫图。

魏晋南北朝是中国历史上一次民族的大融合时期，建筑主要沿袭和继承了汉代的成就。由于佛教的传入，佛教建筑如寺庙、塔、石窟等发展迅速，建筑艺术形式达到了一个新的高度。河南登封嵩岳寺塔建于北魏时期（公元 523 年），塔平面为 12 边形，是我国塔中的孤例，高 40m，15 层密檐，密檐出挑均使用叠涩，塔身外轮廓有柔和收分，为现今保存最古老的一座砖塔，如图 1 - 21 所示。

图 1 - 20　阿房宫图

图 1 - 21　登封嵩岳寺塔

唐宋是我国封建社会的鼎盛时期，也是我国古代建筑发展的成熟时期，建筑技术更为成熟，木构建筑已有科学的设计方法，施工组织和管理方法更加严密，有大量的古建筑实例保存至今。北宋时期政府为了管理宫室、坛庙、官署、府邸等建筑工作而颁发了《营造法式》，包括释名、各作制度、功限、料例和图样，共 34 卷，是我国古代最完整的建筑技术著作。建于唐代的山西五台山佛光寺大殿（公元 857 年），是我国现存的最早、最完整的木构架之一。大殿采用三段式构图——台基、殿身、屋顶三部分，屋顶为庑殿顶，坡度平缓、出檐深远、斗拱雄大硕壮，造型端庄浑厚，充分反映了唐代木构架的建筑形象的典型特征，如图 1 - 22 所示。

辽、金、元时期，建筑基本延续了唐代的传统。山西应县的佛宫寺释迦塔建于辽代（公元 1056 年），是我国现存最古老的木塔，塔建在方形和八角形的二层砖台基上。塔身平面为八边形，底层每边长 5.58m，高 9 层，有 4 个暗层，外观为 5 层，高 67.31m 木塔中间

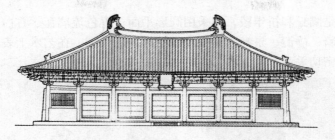

图1-22 山西五台山佛光寺大殿

为大厅，四周为回廊，柱子按内外两环布置，各层平面逐层向内收缩，造型匀称而稳重，层高逐级减少，总体轮廓优美，是结构与艺术造型有机结合的典范，充分表明了我国古代建筑高超的技术水平，如图1-23所示。

中国古代木结构经过元代的简化和明代砖墙的发展，形成了新的定型化木构架，但其官方建筑形象不及唐宋舒展开朗。清代建筑艺术发展的划时代成就主要体现在造园艺术方面，北京城内、城外兴建了大批园林，如圆明园、三海（北海、中海和南海），显示出高度的创造能力。建筑方面政府颁布了《工部工程做法则例》，统一了官式建筑的规模和用料标准，简化了构造方法。明清时期我国古代建筑再次进入到发展的高潮，许多优秀的建筑和建筑群保存至今。

北京故宫始建于明永乐四年（1406年），旧称紫禁城，位于北京中轴线的中心，曾是明清两代二十四位皇帝的皇宫。现辟为"故宫博物院"，是世界上现存规模最大、最完整的古代皇家高级建筑群，总体布局为中轴对称、布局严谨、秩序井然，体现帝王至高无上的权威。其中外朝主体建筑奉天殿、华盖殿、谨身殿（清朝依次改为太和殿、中和殿、保和殿）三座大殿，呈工字形排列。三殿座落于高大洁白的汉白玉雕琢的三重须弥座台基之上，砖木结构、黄琉璃瓦顶，并饰以金碧辉煌的彩绘，如图1-24所示。

天坛是明清两朝皇帝每岁冬至日祭天和祈祷丰年的场所，始建于明永乐十八年（1420年）。天坛由内外两重围墙环绕，北墙呈圆形，南墙为方形，象征天圆地方。中轴线北端是祈年殿及其附属建筑，向南有皇穹宇、圜丘坛，西门内的南侧是皇帝祭祀时住的斋宫，西门外建有饲养祭祀用的牺牲所和舞乐人员居住的神乐署，如图1-25所示。

图1-23 山西应县的佛宫寺释迦塔
（图片来源中国网 China. com. cn）

图1-24 故宫

11

其中最主要的建筑是圜丘和祈年殿，均采用圆形平面，青色琉璃瓦、青白石坛面，精心的布局，创作出一种清新、静谧、崇高、肃穆及带有神灵的氛围，在艺术上表示天的崇高、神圣及皇帝与天之间的密切关系，如图 1-26 所示。

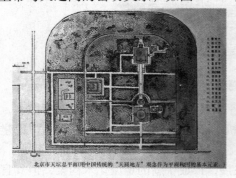

北京市天坛总平面(用中国传统的"天圆地方"观念作为平面构图的基本元素)

图 1-25　天坛总平面

图 1-26　天坛祈年殿

随着封建制度的解体，我国社会发生了重大的变革，1840 年后进入半殖民地半封建社会，新的建筑具有新的使用要求、建筑材料和技术，促使建筑传统形式发生了深刻的变化，建筑的发展转入了近代时期。陆续出现了许多新类型建筑，如公共建筑中的行政、金融、商业、交通、教育、娱乐等基本类型。

2. 西方古典建筑简介

西方古典建筑在世界建筑史中占有重要地位，对欧洲乃至世界许多地区的建筑发展曾产生巨大的影响。

古代希腊是欧洲文明的发源地，建筑作为文化的重要组成部分，创造出一种以石制梁柱作为基本构件的建筑形式，广泛用于神庙、剧场、竞技场等大型公共建筑、规模壮观的公共活动广场和造型优美的建筑群，取得了重大的成就。

公元前 5 世纪雅典人在小山丘重建了雅典卫城，是希腊的宗教圣地。建筑群由山门、胜利神庙、帕提农神庙、伊瑞克提翁神庙组成，每个建筑物的选位均经过周密设计，摒弃了简单的轴线关系，反复推敲选定，与地形布局结合良好。单体建筑造型典雅壮丽，在建筑和雕刻艺术上都有很高的成就，如图 1-27 所示。

希腊建筑的最大成就是形成了一种非常完美的建筑形式，建筑的基座、柱子和屋檐等各部分之间的组合均具有一定的格式——柱式，如多立克、爱奥尼和科林斯柱式，如图 1-28 所示。公共建筑均普遍使用柱式，对欧洲后来的建筑有很大的影响。

图 1-27　雅典卫城模型

图 1-28　古希腊三种柱式

古罗马建筑继承了希腊的柱式艺术，并与拱券结构结合，创造了券柱式，如图 1-29 所示。公共建筑方面解决了大空间建造问题，建有斗兽场、浴场、剧场等。罗马人还发明了由天然火山灰、砂石和石灰构成的混凝土。公元前 1 世纪，罗马建筑师维特鲁威编写了《建筑十书》，全面阐述城市规划和建筑设计、建筑艺术的基本原理，系统地总结了古希腊、罗马人民的实践经验如建筑物的选址、朝向、风向、结构方面、材料选择、施工方式等，对后世建筑理论有重大的指导意义。古罗马建筑代表作有万神庙、角斗场等，如图 1-30 所示。

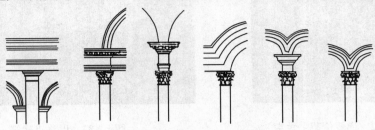

图 1-29 古罗马券柱式

罗马灭亡后，欧洲经过漫长的动乱，封建教会统治社会，其间以天主教堂为代表的哥特建筑为主流。哥特建筑以高耸结构为特点，给人以直入云霄的感觉，如图 1-31 所示。

图 1-30 万神庙

图 1-31 哥特建筑立面

15 世纪后由意大利开始文艺复兴运动，埋没近千年的古典柱式重新受到重视。该时期建筑并没有简单的模仿或照搬希腊罗马的式样，分别在建造技术、建筑规模、类型和建筑艺术手法上都有了很大的发展。意大利佛罗伦萨主教堂的穹顶为失形的、双圆心的骨架券结构，设计手法有古典建筑的精神，是文艺复兴运动在建筑方面的开端，如图 1-32 所示。

文艺复兴时期建筑师阿尔伯蒂所著的《论建筑》，重点论述了建材、施工、结构、经济、规划、水文等方面，对后来的建筑发展有重大的影响。

17 世纪以后，建筑形象及风格以追求新颖、奇特、极尽装饰为美，以贵重的材料炫耀财富，这种建筑被称为"巴洛克建筑"。建筑立面突出垂直划分，追求体积的凹凸和光影的变化，线条做成曲线，墙面做成曲面，像波浪一样起伏流动，如图 1-33 所示。

图 1 - 32　佛罗伦萨主教堂　　　　　　　　　图 1 - 33　巴洛克建筑

**3. 西方现代建筑简介**

19 世纪末 20 世纪上半叶以来近两百年，尤其是两次世界大战之间的这段时期，西欧及北美工业革命后，随着社会生产力的发展、经济水平的提高、科学技术的进步，各种因素使建筑领域内发生了重大变革，建筑的数量、类型和规模飞速发展，形成了与古典建筑截然相反的建筑艺术风格。

一批建筑师中的改革派面对现实，注重经济，逐渐形成新的建筑观念，新的建筑风格也随之逐渐成形，并出现了一批现代主义建筑的代表作。现代主义建筑对传统持否定态度，反对装饰，强调功能性、实用性，以及新材料的运用，认为建筑应该具有强烈的时代感。在材料上大量采用钢筋混凝土、预制钢构件、平板玻璃等材质。这一时期，著名的现代主义建筑代表性人物有瓦尔特·格罗皮乌斯（Walter Gropius），其代表作品有包豪斯校舍和法古斯工厂，如图 1 - 34 和图 1 - 35 所示；勒·柯布西耶（Le Corbusier），其代表作品有萨伏伊别墅，如图 1 - 36 所示；密斯·凡·德·罗（Mies van der Rohe），其代表作品有纽约西格拉姆大厦，如图 1 - 37 所示；赖特，其代表作品有流水别墅，如图 1 - 38 所示。现代主义思潮到了 20 世纪中叶，在世界建筑潮流中占据主导地位。

图 1 - 34　包豪斯校舍　　　　　　　　　图 1 - 35　法古斯工厂

图1-36 萨伏伊别墅

图1-37 西格拉姆大厦

20世纪60年代以来，占据西方建筑思潮统治地位的正统现代主义理论逐渐变成千篇一

律的教条，"盒子式"建筑各处所见大同小异，缺乏艺术个性，使人感到枯燥单调，同时也使功能与技术的发展受到了局限。随着现代主义建筑"国际式"风格的衰落，西方当代建筑进入了一个众声喧哗的多元化新时代，建筑思潮与流派的产生与更迭以前所未有的速度展开，形形色色的先锋思潮、流派和探索不断涌现。

图1-38 流水别墅

### 1.1.3 建筑组成及其功能

如图1-39所示，坐落在"场地"上的建筑由外墙、屋顶围合，其内部是机动装置。建筑场地是人类改变野外环境装置的重要外部边界；建筑外围护提供建筑的主要功能，创造出层叠的平面供人们使用，提供支撑墙壁和立柱，外部气候环境被阻挡在建筑之外，空气、热量、湿度、声音和生物的通过受到严格控制；建筑内部的机动装置可以制造或输送热量、循环空气、提供照明、输送水和收集液体废物等。

进一步解剖一座建筑物会发现它是由许多部分所构成，而这些构成部分在建筑工程上被称为构件或配件。

一幢建筑，一般是由基础、墙或柱、楼地层、楼梯、屋顶和门窗等六大部分所组成，如图1-40所示。

（1）基础：是建筑物最下部的承重构件，其作用是承受建筑物的全部荷载，并将这些荷载传给地基。因此，基础必须具有足够的强度，并能抵御地下各种有害因素的侵蚀。基础形式分为无筋扩展基础、扩展基础、柱下条形基础、高层建筑筏型基础和桩基础。

（2）墙体、柱：墙体分为承重墙体和非承重墙体。承重墙体承受着自重及建筑物由屋顶或楼板传来的荷载，并将这些荷载传给基础。外墙同时具备围护作用，内墙同时具备分隔空间的作用。非承

运行的机械装置

建筑外墙

建筑场地

图1-39 建筑组成

15

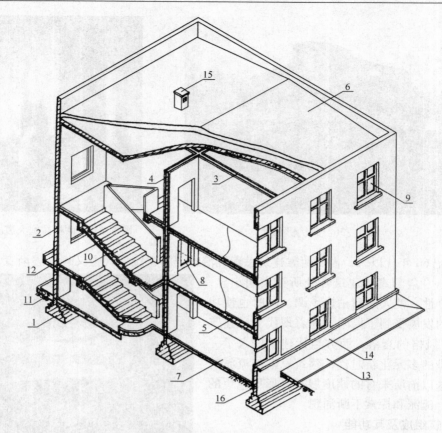

图 1-40　建筑物的基本组成

1—基础；2—外墙；3—内横墙；4—内纵墙；5—楼板；6—屋顶；7—地坪；8—门；9—窗；
10—楼梯；11—台阶；12—雨篷；13—散水；14—勒脚；15—通风道；16—防潮层

重墙体只承受其自重，主要起围护和分隔空间的作用，外墙要能够抵御自然界各种因素对室内的侵袭，内墙主要起分隔空间及保证舒适环境的作用。因此，墙体需要具有足够的强度、稳定性，保温、隔热、防水、防火、耐久及经济等性能。

柱是建筑结构的主要承重构件，承受屋顶和楼板层传来的荷载，因此必须具有足够的强度和刚度。

（3）楼板：楼板由结构层和装饰层构成。楼板是建筑水平方向的承重构件，按房间层高将整幢建筑物沿水平方向分为若干层；楼板承受家具、设备和人体荷载以及本身的自重，并将这些荷载传给墙或柱；同时对墙体起着水平支撑的作用。因此要求楼板应具有足够的抗弯强度、刚度和隔声能力，厕浴间等有水侵蚀的房间楼板层还要具备防水、防潮能力。

地坪是底层房间与地基土层相接的构件，起承受底层房间荷载的作用。地坪要具备耐磨、防潮、防水和保温的性能。

（4）楼梯：是楼房建筑的垂直交通设施，供人们上下楼层和紧急疏散之用。因此楼梯应具有足够的通行能力，并且要防滑、防水。现在很多建筑物因为交通或舒适的需要安装了电梯，但同时也必须有楼梯用作交通和防火疏散。

（5）屋顶：具有承重和围护双重功能，既能抵御风、霜、雨、雪、冰雹等的侵袭和太阳辐射热的影响，又能承受自重及雪荷载及施工、检修等屋顶荷载，并将这些荷载传给墙或柱。屋顶形式主要有平顶、坡顶和其他形式。平屋顶的做法与楼板层相似，有上人屋面和不上人屋面之分，上人屋面指人员能够到屋面上活动如屋顶花园等。屋顶应具有足够的强度、刚度及防水、保温、隔热等能力。

（6）门与窗：门与窗均属非承重构件。按照材质不同可分为木门窗、塑钢门窗、铝合金门窗等。门主要供人们内外交通和分隔房间用，窗主要起通风、采光、分隔、眺望等围护作用。处于外墙上的门窗又是围护构件的一部分，要满足保温、隔热的要求；某些有特殊要求房间的门、窗还应具有隔声、防火的能力。

一幢建筑物除上述六大基本组成部分以外，对不同使用功能的建筑物，还有许多特有的构件和配件，如阳台、雨篷、台阶等。

## 1.2 园林环境概述

任何一个建筑物均离不开其周围的环境，建筑的主要目的是形成各种内部空间和外部空间，为人们的生活提供各种使用的空间。因此建筑、人、环境是一个不可分割的整体，建筑如果脱离了环境就失去了存在的意义。正确认识建筑与环境的关系是作为一个建筑师应负有的全面职责。建筑一旦建成，必然与周围的外部空间环境产生相互的影响，人们总是渴望在以建筑为主的人工环境中与自然环境沟通，营建内部和外部的"自然园林环境"。

### 1.2.1 园林的定义

园林是指在一定的地块上，以植物、山石、水体、建筑等为素材，遵循科学原理和美学规律，创造出的可供人们游憩和赏玩的现实生活境域。美国风景园林师协会将风景园林规划设计学定义为"它是一门对土地进行设计、规划和管理的艺术，它合理的安排自然和人工因素，借助科学知识和文化素养，本着对自然资源保护和管理的原则，最终创造出对人有益、使人愉快的美好环境。"

综上所述，园林设计是一门综合的环境科学，设计范围广，从尺度较小的微观景观规划设计如建筑小品形式、园林构图及空间序列；到中观景观规划设计，如场地规划、城市公园设计、城市广场设计、居住区绿地设计等；再到尺度巨大的宏观景观规划设计，如包含自然保护区规划、国家风景名胜区保护、旅游区规划、城市绿地系统规划等均属于广义园林设计的范畴。

园林艺术是一门综合性科学（涉及植物学、生态学、建筑学、土木工程学、美学等），更是一门综合性艺术（文学、绘画、宗教、哲学等）。

### 1.2.2 古典园林发展历程

中国的风景式园林与西方规整式园林、伊斯兰规整式园林是世界公认的三大园林体系。中国古典园林根植于中国传统文化深厚的积淀之上，是渊源久远、博大精深的文化体现。中国最早的园林形式是"囿"，以中国古典园林为代表的东方园林体系自由灵活而不拘一格，着重显示纯自然的天成之美，表现一种顺乎大自然景观构成规律的缩移和模拟。中国的风景式园林在世界园林体系中占有重要地位，被誉为"世界园林之母"，曾对周边汉文化圈内的国家和地区产生持续而深远的影响。

西方最早的园林形式是神庙四周的神圣丛林（sacred grave），是膜拜神灵的环境布置。以法国古典主义园林为代表的大部分西方园林，讲究规矩格律、对称均齐，具有明确的轴线和几何对位关系，甚至花草树木都加以修建成形并纳入几何关系之中，着重显示总体的人工图案美，表现一种为人所控制的有秩序、理性的自然。

不论东方古典园林还是西方古典园林绝大多数直接为统治阶级服务，或归他们所私有，如中国的苏州私家园林、北京的皇家园林、法国的凡尔赛宫苑等，造园工作由工匠、文人和艺术家完成。因此古典园林的主流为封闭、内向型，多以追求视觉的景观之美和精神寄托为主要目的，并没有自觉地体现所谓社会、环境效益。

### 1.2.3 现代园林简介

18世纪的产业革命促使各个国家或地区工业文明崛起，陆续由农业社会过渡到工业社会。工业文明的兴起带来了科学技术的飞跃进步，为人们开发大自然提供了更为有效的手段，人们在从大自然获得前所未有的、丰富的物质财富的同时，也因其无计划的掠夺性的开发而造成严重的破坏，人类生存环境日益恶化——植被减少、水土流失、水体和空气污染、气候改变，自然生态系统恶性循环、严重失衡。

一些有识之士预见到这种状况继续发展下去必然会给整个人类生存环境带来灾难性的恶果，相继提出种种改良学说，其中包括自然保护对策和城市园林方面探索，现代园林学——风景园林规划设计应运而生。其核心思想是通过对土地利用的合理规划来保护自然资源，将大地风貌和自然景观作为人类生存环境的一部分而加强维护和管理；并针对大城市恶劣的居住环境，提出补救的办法，建立公共园林、开放性的空间和绿地系统。

现代园林所包含的内容更加广泛，除通常所谓的造园、园林绿化外还包括更大范围的区域性规划和管理，甚至是国土性的景观、生态、土地利用的规划经营，是一门综合的环境科学。

中国的工业文明发展略滞后于西方发达国家，中国园林的发展过程与西方景观规划设计的过程有相同轨迹和发展趋势，园林的概念和范畴也有了新的界定。中国园林的范围不仅包括古代流传下来的皇家园林、私家园林（宅第园林）、寺观园林、风景名胜园林等重要组成部分，逐步扩大到人们进行游憩活动的大部分领域，如自然风景区、国家公园游览区、郊野公园、城市中各种形式的公园（体育公园、儿童公园、植物园、动物园等）居住小区中的小块绿地、街心广场中的小游园等。

# 思 考 题

1-1 建筑的含义是什么？

1-2 构成建筑的三要素是什么？

1-3 什么是建筑的比例、尺度、均衡、韵律、对比？举例说明。

1-4 建筑物的基本组成包含哪几部分？并简述其功能。

1-5 现代园林的定义？

# 第2章 字体与线条

请按表 2-1 的教学要求，学习本章的相关教学内容。

表 2-1 教学内容和教学要求表

| 教 学 内 容 | 教学要求 |
| --- | --- |
| 2.1 工程字体的书写 | 了解 |
| 2.1.1 字体概述 | 重点 |
| 2.1.2 工程字体 | 掌握 |
| 2.1.3 艺术字 | 熟悉 |
| 2.2 线条练习 | |
| 2.2.1 铅笔线条 | 重点 |
| 2.2.2 钢笔工具线条 | 掌握 |
| 2.2.3 线条组合 | |

## 2.1 工程字体的书写

在建筑设计相关行业中，为了统一房屋建筑制图的规则，便于技术、施工交流以及制图质量效果的保证，符合设计、施工、存档的要求，建筑工程的图样格式、画法、图例、线型、文字以及尺寸标注等均有统一的标准。本节将对包括汉字、数字、字母在内的制图标准与规范书写进行详细讲解。

### 2.1.1 字体概述

字体是工程（技术）制图中的一般规定术语，是指图中文字、字母、数字的书写形式。汉字、字母和数字是我国工程图纸中文字的重要组成部分，通常用于表达文字说明、尺寸标注、轴线标注等重要信息，要求书写工整、规范、清晰、美观、容易辨认。

### 2.1.2 工程字体

1. 汉字

1) 仿宋字

仿宋字是出现于 20 世纪初叶的一种印刷字体，仿照宋版书上所刻的字体，笔画粗细均匀，有长、方、扁三体。其中，长体仿宋字便于用钢笔书写，其端庄、工整的法度和严格的规范性，使其成为工程技术图纸中的首选用字。

（1）字体特征：仿宋字的笔画造型带有楷书特点，横竖笔画粗细一致。横的笔画有左低右高的倾斜角度，翘高 3° 左右，起笔落笔与转折都有笔顿，点、撇、捺、挑、勾、尖锋加长，如图 2-1 所示。仿宋字的特点是：字身修长、工整秀丽、匀称挺拔、有起落顿笔、横斜竖直、粗细一样，笔画的间隔均匀。

（2）字体格式：仿宋字一般高宽比为 3:2，字间距约为字高的 1/4，行距约为字高的 1/3，如图 2-2 所示。书写字体时，应在图纸的适当位置上，先用轻稿线（淡淡的铅笔起稿线）按上述字形比例要求打好方格，再进行书写。

图 2－1　字体特征

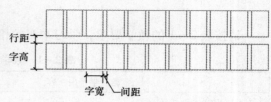

图 2－2　字体格式

（3）字体书写：仿宋字的各种笔画有起落顿笔，如图 2－3 所示，笔画粗细一致，间架结构饱满匀称，字体排列整齐均匀，遇到大小、繁简不一的字体成篇时，应注意适当缩、放字体，使成篇字体统观大小一致、疏密合适。

图 2－3　字体书法

2）黑体字

（1）字体特征：黑体字又称方体或等线体，没有衬线装饰，字形端庄，笔画横平竖直，全部笔画粗细一样，如图 2－4 所示。由于汉字笔画多，字号小的黑体清晰度较差，所以主要用于文章和图纸的标题。

（2）字体格式：黑体字以"笔画一致，方黑一块"而得名，因此黑体字的字形大多以方形出现。书写时，应在图纸的适当位置上，先用轻稿线（淡淡的铅笔起稿线）按比例要求打好方格，再进行书写。

（3）字体书写：黑体字的所有笔画粗细基本均等，以横画为例，粗细占字格高度的 1/7～1/10，根据字的笔画多少可适当调整笔画的粗细，笔画少的可以适当粗些，笔画多的可以适当细些。各笔画书写方法与特点，如图 2－4 所示。

2. 数字

数字的笔画宽度为字高的 1/10，可写成斜体或直体，如图 2－5 所示，斜体数字的字头向右倾斜，与水平基准线成 75°角。数字 1 相较其他数字，所占字格的宽度应小于其他数字所占字格的宽度。在制图中的数字书写方法与平时写字有所区别，应注意笔顺和字体的间架结构，如图 2－6 所示。

图 2－4　黑体字

3. 拉丁字母

工程制图中，拉丁字母的笔画宽度为字高的 1/10，可写成斜体或直体，如图 2－7 所示，斜体字母的字头向右倾斜，与水平基准线成75°角。拉丁字母的笔画以曲线居多，书写时应注意笔顺以及笔画的圆润光滑，如图2-8所示。

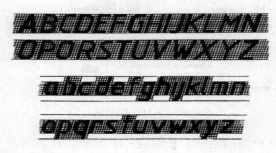

图2-5 数字

图2-6 数字笔顺

图2-7 拉丁字母

图2-8 拉丁字母笔顺

### 2.1.3 艺术字

艺术字是普通汉字经过专业字体设计师设计、艺术加工后的变形字体，其字体特点在符合文字含义的基础上，具有美观有趣、易认易识、醒目张扬等艺术特性，是一种有图案意味或装饰意味的变形字体。艺术字广泛应用于宣传、广告、商标、标语、黑板报、企业名称、会场布置、展览会以及商品包装装潢，各类广告、报刊杂志和书籍的装贴上等。

在工程图纸中，艺术字主要应用于表现类图纸的标题，有增强图纸醒目度和强调整体构图的重要作用，在书写和构图中，应注意避免过于夸张，仍应以易辨识、美观清晰、字形饱满匀称为主要书写原则，如图2-9所示。艺术字的书写应首先从汉字的义、形和结构特征出发，进而对汉字的笔画和结构做合理的变形装饰，书写出美观形象的变体字。

图2-9 艺术字

## 2.2 线条练习

线条是建筑制图中最重要的组成部分之一，通常根据材料的不同将线条划分为铅笔和钢笔两种。两种线条都可以利用线条的组合，表现物体不同的材质、光影、深浅等变化。铅笔相较钢笔具有易于修改的特点，因此初学者应在进行钢笔线条的绘制前，先进行铅笔线条的练习。

### 2.2.1 铅笔线条

1. 铅笔的种类

（1）传统木包石墨芯铅笔：从最硬的（含黏土成分最多的 H 型号）到最软的（含石墨

最多的 B 型号），有十几个等级，代表软硬程度的符号 H/B 前面的数字越大，代表铅芯越硬或越软，绘制出来的笔画越轻或越重，如图 2 - 10 所示。HB 被公认为绘图过程最有作用的多面手，2H 和 H 铅笔用于绘制工程图的轻稿线图或摹拓图较为理想。

（2）咬芯笔：专门为制图设计的工具笔，可装填各种硬度、厚度和颜色的石墨铅芯，由于咬芯笔可以装填的笔芯种类较灵活，常被设计者应用于草图构思和方案表现，如图 2 - 11 所示。

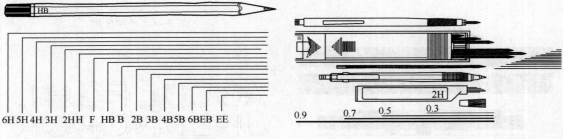

图 2 - 10  传统木包石墨芯铅笔　　　　　图 2 - 11  咬芯笔

（3）乌木、木工笔和碳条等：均属于粗、软而黑的笔芯，如图 2 - 12 所示。粗而软的线条易于表达设计师自由而迅捷的构思，所以该类笔常被用于设计过程草图、透视图等表现类图纸的绘制。

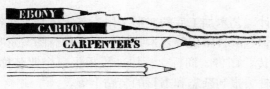

图 2 - 12  乌木、木工笔和碳条

**2. 铅笔的使用**

1）准备铅笔

绘图前铅笔的准备不可小觑，使用铅笔刀或铅笔刨可以形成三种笔尖形状，绘制出不同效果的铅笔线条，如图 2 - 13 所示。

2）使用铅笔

保持握笔、运笔放松，手腕悬空，笔尖应与图纸呈 45°角，一方面保证眼睛毫不费力地注视到整个铅笔的绘制轨迹，另一方面也可以更好地控制线条，使线条流畅有力。运笔时运用拇指和食指捻转铅笔作图，既可以保持笔尖的尖锐，也可以保障所绘线条由始至终粗细均匀，如图 2 - 14 所示。

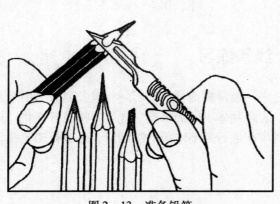

图 2 - 13  准备铅笔

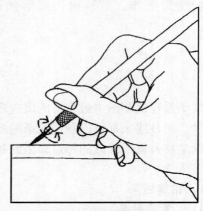

图 2 - 14  使用铅笔

### 3. 铅笔线条

铅笔的线条,按照石墨的不同含量、图纸的不同质地以及用笔力量不同,可以绘制出多种不同轻重、不同质感的线条,如图 2-15 所示。铅笔线条的绘制应干净流畅,避免一根线条重复描摹,一次运笔一根线条;长线可断开后留出小缝隙、分段绘制,避免线条起落笔端的重复搭接;运笔原则为"小抖大直",保证线条整体的完整性,如图 2-16 所示。

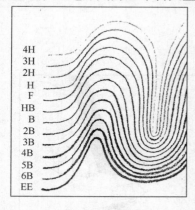

图 2-15　铅笔线条

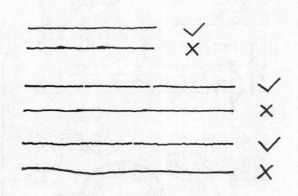

图 2-16　铅笔线条的绘制

## 2.2.2　钢笔工具线条

### 1. 钢笔的种类与线条

工程制图使用的钢笔,可以根据个人的绘图习惯和表现内容进行选择,如图 2-17 所示。

(1)传统的蘸水钢笔和墨水笔:有流畅的笔尖,绘制时可以根据运笔力度不同产生不同粗细的线条。

(2)点线笔:一种工程制图的特殊工具,利用笔尖可调换的轮盘,可以绘制出各种虚线、点线和点画线。

(3)制图笔(针管笔):制图笔有管形的笔尖,内部有尖针,所以又称针管笔。根据管形和尖针的大小不同,形成粗细不同的等级,常用的笔尖粗度有 0.2mm、0.4mm、0.6mm 等,使用时根据制图规范要求选择使用。

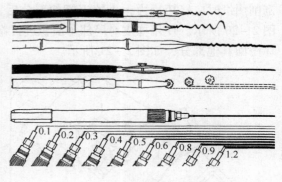

图 2-17　钢笔的种类

### 2. 钢笔工具线条的绘制

1)工具

绘图板、丁字尺、直尺、三角板、比例尺、蛇形尺、曲线板、半圆仪圆规等,如图 2-18 所示,都是绘制钢笔工具线条时的必要工具。

2)绘制原则

用制图笔绘制线条时,笔尖应与图纸形成 80°倾角进行绘制,以避免出现线条宽度粗细不均的情况,如图 2-19 所示。进行尺规制图时,应将制图笔"靠"在尺子上运笔,眼睛

23

时刻关注笔尖的运行状况，并注意紧贴尺子边缘，防止线条"跑偏"；为了避免尺子移动时，线条墨迹未干而造成纸面污染，可以将尺子一侧的坡面朝下使用，运笔保持笔端"靠"尺，尺子与纸面间有一定的空隙。

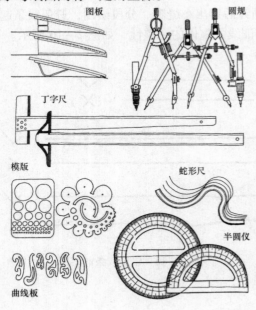

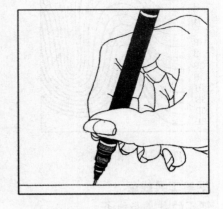

图 2－18　工具　　　　　　　　　　　图 2－19　绘制原则

制图过程中如果不慎出现墨水误笔，图纸上出现墨迹，最快消除的方法是用刀片刮削。刮削图纸时应轻巧用力，去掉误笔的部分后，先用软橡皮修饰抛光，再绘制修改墨线，如图 2－20 所示。使用橡皮对局部小面积进行修改时，应使用辅助工具"擦图片"，以避免破坏图面其他部分，如图 2－21 所示。

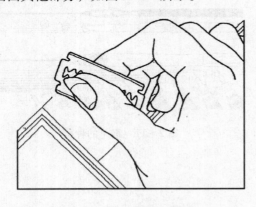

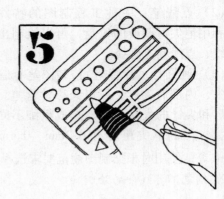

图 2－20　消除墨水误笔　　　　　　　图 2－21　擦图片

### 2.2.3　线条组合

线条的表现力非常丰富，不论铅笔还是钢笔，都可以利用各种不同形式的线条组合，绘制出不同光影、深浅、质感的效果，如图 2－22 所示。不同的线条组合有不同的特性，工程制图中常利用该特性表达不同的物质形象。

1）钢笔线条表现光影的退晕变化

退晕法是线条组合常用技法，既可以利用退晕变化表现出深浅、光影，也可以表现出不同的材料质感，如图 2－23 所示。其本质是借助线和点的排列结构变化，形成色调，表现出形体的表面、形状、空间及光线的关系，如图 2－24 所示。常见的退晕表现方法有：

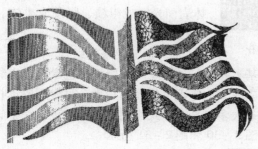

图 2－22　线条组合

图 2－23　表现不同
材料质感

（1）直线的组合，如图 2－25 所示，将退晕部分等分为若干个方格，在方格内利用线条排列的方向、密度、数量来表现退晕变化。

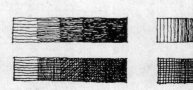

图 2－24　表现形体的表面、形状、空间及
光线的关系

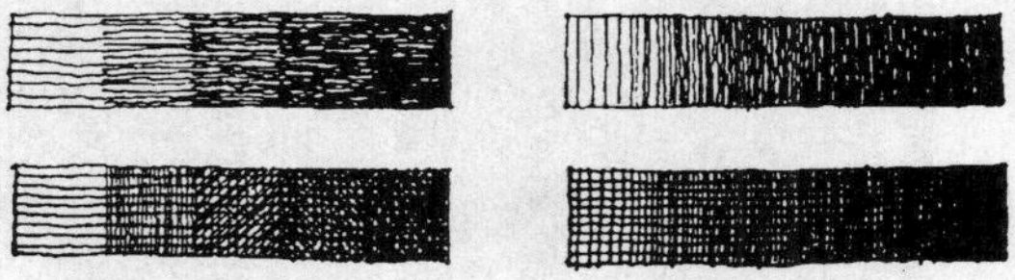

图 2－25　直线的组合

（2）曲线的组合，如图 2－26 所示，将退晕部分等分为若干个方格，在方格内利用曲线的曲度大小和密度来表现退晕变化。

（3）点的组合，如图 2－27 所示，将退晕部分等分为若干个方格，在方格内利用点或小圆圈在每个方格内的密度和数量来表现退晕变化。

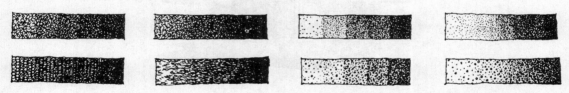

图 2－26　曲线的组合

图 2－27　点的组合

图 2-28　钢笔线条表现材料的质感变化

2）钢笔线条表现材料的质感变化

制图中常用钢笔线条的组合，表现不同材料的质感。如图 2-28 所示，第一排表现的是木材的几种常用画法，第二、第三排表现的是不同石材的几种常用画法。同时不同的线条组合，利用视觉感受变化还反映出物体表面光滑或粗糙、坚硬或柔软、蓬松或密实的效果。

3）钢笔线条的组合

钢笔线条的组合与铅笔的组合方式基本相同，如图 2-29 所示，也常通过直线、曲线和点的组合来表现退晕变化，初学绘制者应注意钢笔不可修改的特性，可先用铅笔打轻稿，再落墨绘制正图。在建筑制图中，钢笔线条大多以直线形式出现，易于表现出完整、均匀的材料、光影变化，图面效果干净利落，如图 2-30 和图 2-31 所示。

图 2-29　钢笔线条的组合（一）

图 2-30　钢笔线条的组合（二）

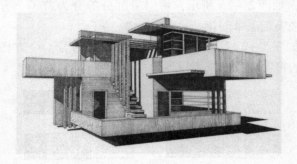

图 2-31　钢笔线条的组合（三）

# 思 考 题

2 - 1 常用的工程制图中，经常使用哪几类文字？

2 - 2 仿宋字的书写要领有哪些？

2 - 3 常用的铅笔种类有哪些？分别有什么绘图特性？

2 - 4 常用的钢笔种类有哪些？分别有什么绘图特性和绘图技巧？

2 - 5 常用的线条组合方式有哪些？

# 第3章 建筑配景与速写

请按表3-1的教学要求，学习本章的相关教学内容。

表3-1 教学内容和教学要求表

| 教 学 内 容 | 教学要求 |
|---|---|
| 3.1 园林环境要素简介 | |
| 3.1.1 园林地形 | 了解 |
| 3.1.2 园林道路 | |
| 3.1.3 园林水体 | |
| 3.1.4 园林植物 | 掌握 |
| 3.1.5 园林建筑及构筑物 | |
| 3.2 建筑配景的绘制方法 | |
| 3.2.1 植物 | |
| 3.2.2 人物 | 重点 |
| 3.2.3 交通工具 | 掌握 |
| 3.2.4 水体 | |
| 3.2.5 铺地 | |
| 3.3 设计速写技巧与赏析 | 重点 |
| 3.3.1 建筑速写 | 掌握 |
| 3.3.2 园林环境速写 | |

在建筑及环境图纸中，各种配景和园林环境要素是必不可少的。例如植物要素作为重要的表现符号，和建筑一样也可以创造空间、定义空间边界、增加环境色彩，适当地绘制各种配景和园林环境要素能加强建筑图纸的表现力。

## 3.1 园林环境要素简介

园林环境由地形、道路、水体、植物、建筑及构筑物等要素组成，各个要素之间相辅相成，共同营建丰富多彩的园林环境空间。

### 3.3.1 园林地形

作为园林环境的一部分，地形是整个园林环境的依托和基础。自然界中各种各样的地形地貌，如高山、高原、平原、丘陵、湿地等，有不同的特质和品质，全面了解所面对的场地地形，在尊重自然的基础上，因地制宜将场地中的各种元素充分利用，再进行美学上的创造，才能真正设计出与自然和平共处的优秀园林作品。

园林地形一般分为平地和坡地两种类型。

1. 平地

平地的特点是场地平整、视线开阔、受地形限制较少，设计时容易单调、私密感差、不易形成鲜明的特色，因此设计时应充分利用场地的条件和其他要素，并融入文化元素，形成易于交流、沟通的宜人场所。例如，在居住区中的平整场地空间内，加入植物、硬质铺地、水体、景观小品等，将功能性、审美性、文化性融入其中，从而形成开放性与私密性并重

28

的，富有人性化的宜人空间，作为居民聚集和交往的场所，如图 3－1 所示。

　　**2. 坡地**

　　坡地又分为凸起、凹陷等形式。坡地的特点是通过高低起伏变化，使得场地形成动态的、多样的景观感受。在进行园林环境设计时，应尊重其场地本身的特征，营造富有趣味性和变化性的景观空间，如图 3－2 所示。

图 3－1　符合人体尺度的公共平地，宜人的交往空间

图 3－2　坡地营造富有变化性的空间

### 3.3.2　园林道路

　　道路在园林环境中是不可或缺的一个重要因素。不同种类的道路形态既有极强的功能性，又为园林环境增加了很多情趣，因此道路设计安排是否合理，直接影响到人们对园林环境中的感受。设计不同的道路形态，应根据其在场地中所发挥的不同作用，采用不同的设计手法，以达到理想的效果。

　　**1. 道路的功能**

　　（1）道路作为园林环境空间的骨骼，起到分隔空间、组织空间、引导游客的功能。它将场地空间划分为不同的区域，并将整个空间有机地组织在一起，如图 3－3 所示。

　　（2）道路的重要功能是交通功能。不同类型的道路应根据人流量的多少和景观节点的位置而设置道路宽度。同时还应考虑居民中特殊人群的情况，在道路中设置无障碍设计，一般采用主要道路上不设置踏步，次要道路上同时设置踏步和坡路。另外，还可以根据具体情况而定，设置服务、维护等专用道路如图 3－4 所示。

图 3－3　道路有机组织空间　　　　　　　图 3－4　道路中无障碍通道

（3）结合地面铺装，道路作为地面景观，在园林造景和艺术化处理等方面起重要作用。例如一些步行道路，通过形状、质感、色彩、材料等方式传达出曲径通幽的意境。中国传统园林中利用道路的曲线造型、天然石材以及赋予吉祥寓意的图案拼花，将寓言故事、民间剪纸、文房四宝、吉祥用语、花鸟鱼虫等题材的图案铺装与整个园林风格和装饰浑然一体，具有极高的艺术价值，如图3-5和图3-6所示。

图3-5　花街铺地（一）　　　　　　　　图3-6　花街铺地（二）

**2. 园林道路类型**

**1）街道式**

街道式道路主要包括居住区道路、滨河大道、园林道路、商业步行街和公园道路等，由于包含景观类型较多，所采取的设计方法也不尽相同。通过道路的形状、铺装、材料、色彩等方式，以满足城市居民安全性、舒适性以及观赏性的需要，如图3-7和图3-8所示。

图3-7　街道式道路（一）　　　　　　　图3-8　街道式道路（二）

**2）变异式**

道路样式发生变化，形成步石、汀步、树桩踏步等，以增加园林环境的趣味性，如图3-9所示。

图 3 - 9　变异式道路

**3. 道路规划设计要点**

（1）道路在设计上应注意主次分明、方向明确，精心组织游览程序，营造出精美、幽静、神秘、趣味化等情绪和气氛。

（2）设置道路的曲折迂回要依据具体情况而定，反对矫揉造作。以中国传统园林为例，为了满足组织风景、延长路线、扩大空间、营造景观气氛的需要，道路在设置时应根据地形、地物要求，如山丘、水体、建筑、树木、山石等，进行曲线和迂回的设计，如图 3 - 10 所示。

图 3 - 10　曲折迂回的道路

（3）在道路出现交叉与分歧的时候，应采用正交、斜交或丁字交叉形式，避免多条道路交叉于一点，如交于一点，应做成环岛或广场，增加活动空间。

**3.1.3　园林水体**

自古以来，水为文人墨客所推崇，中国园林素有"有山皆是园，无水不成景"的说法，由此可见，水是园林环境中十分重要的要素，将"水体"元素充分合理地利用，可以增加园林环境的神韵。

园林环境中的水一般有以下几种表现形式：

（1）静水：顾名思义指水体处于平静的状态，一般有湖泊、水池等形式，表现出园林环境空间的宁静祥和，倒影也是静水中重要的组成部分，如图 3 - 11 所示。

图 3 - 11　静水

（2）流水：流动的水体，根据水量和流速的不同，分为寂静平缓和汹涌澎湃等形式。为了营造不同的视觉效果，常见的设计形式有小溪、河流等，如图3-12所示。

图3-12　流水

（3）跌水、落水：即将水按高低错落分成不同的层次，水从高处流下，形成跌落的形态。根据高差错层的不同，跌水表现出不同的效果，当达到一定高度时，便形成落水，即我们常说的瀑布。跌水、落水在形态、声音等方面都可以产生动态、多变的效果，如图3-13所示。

图3-13　跌水、落水

（4）喷泉：利用机械设备给水增加压力，水向上喷出后再落下的形态，根据人们的设计，可产生不同的高度、样式等，还可以配合声、光处理，产生丰富多彩的动态变化，易与人产生互动，具有非常强烈的观赏性和趣味性。常见的喷泉形态还有旱地喷泉、音乐喷泉等，如图3-14所示。

图3-14　喷泉

### 3.1.4　园林植物

植物是园林环境中必不可少的要素。植物既有生态方面的作用，又具有视觉审美的功能。

1. 植物配置的功能和要求

（1）适宜性：植物应适合当地气候特征，植物群落内部应该具有协调关系。

（2）生态性：植物能够改善生态环境、吸收有害气体，对特殊环境适应性强。

（3）安全性：植物的选择应无刺、无毒害、无飞絮等。

（4）功能性：植物应能遮阴、防风、防止噪声、分区等。

（5）美观性：植物应具有美观、形态变化、色彩变化等特征，以满足人们的视觉欣赏需要。另外，还要注意将常绿植物与阔叶植物、不同花季、不同发芽和落叶期的植物合理搭配，尽量保证四季都能够赏景。

（6）效益性：要充分考虑植物的成年时间、寿命、栽植、保养、成本等。

2. 植物种植形式

园林环境中常见的植物表现形式有树木、草地、花卉等形式。

1）树木种植形式

（1）孤植：将乔木孤立进行种植，有时也会将同一树种 2～3 棵紧密种植，形成一个植物的单元，供人们欣赏其形态优美、高大健壮的视觉效果，也可以观叶、观花、观果、观树干等，如图 3－15 所示。

（2）对植：将树木按照一条轴线对称种植，常用于道路、广场、庭院等入口处，在视觉上产生明确的界线作用，如图 3－16 所示。

图 3－15　孤植

图 3－16　对植

（3）带植：将乔木或灌木按照一条轴线成排、有一定行间距地对称种植，往往用在道路的两旁，表现为行道树、绿篱等形式，起到良好的遮阳效果，如图 3－17 所示。

（4）丛植：将乔木、灌木等植物组合在一起栽培，模拟植物自然群落形式，与草地、山石、花卉等相互映衬，相互对比，形成一种组合的美，如图 3－18 所示。

（5）林植：多株树木集体成片种植形成群体美，可以组合成风景林、混交林等形式，如图 3－19 所示。

图 3-17 带植

图 3-18 丛植

图 3-19 林植

2）草地的种植形式

草地是指将多年生矮小的草本植物自然或人工密集种植，由人工进行养护管理，起到生态、绿化、美化作用。常见的种植形式有草坪、植草砖铺地、地被植物坪、混植坪等，如图 3-20 所示。

图 3-20 草地

3）花卉的种植形式

（1）花坛：在一定区域范围内设低矮的种植坛，观赏类的花卉作为组团出现，表现花卉的整体美感。花坛往往表现一定的主题、图案等，形式多种多样，有单体形式、连续形式，也有平面花坛、立体花坛等，具有很强的装饰性和表现力，如图 3 – 21 所示。

图 3 – 21　花坛

（2）花池：将种植区域抬高，形成一定的台面，呈现出盆栽的感觉，可以使人较近距离观赏花卉，如图 3 – 22 所示。

图 3 – 22　花池

（3）花境：将一些灌木和草本类花卉，按照自然的方式进行种植，常呈带状分布，注重平面造型的整体性和图案装饰性，表现多种花卉争相斗艳、姹紫嫣红的视觉效果，如图 3 – 23 所示。

图 3 – 23　花境

（4）花丛：将同一种花卉或不同种类的花卉混交在一起，用自然的形式种植，如图 3 – 24 所示。

图 3 – 24　花丛

35

（5）花钵：用口大底端小的倒圆台或倒棱台形状的摆设器具，作为种花的器皿，其质地多为砂岩、泥、陶瓷、塑料或木制，如图3-25所示。

图3-25　花钵

### 3.1.5　园林建筑及构筑物

1. 园林建筑物

建筑物是园林环境中是一个重要的要素，是人们在长期的历史文化生活中所形成的典型的艺术文化成果，有明显的人工色彩。纵观东西方历史，对于建筑物在园林环境中的地位，以及人与建筑、自然的关系，东西方在认识上存在着较大的差异。

以中国传统园林为代表的东方传统景观模式认为人与自然、建筑与自然的关系应该追求"天人合一"的境界，讲究意境美。因此，建筑物在中国传统园林中，虽然有着飞檐起翘、雕梁画栋的丰富多彩的造型，但它作为园林中的一个构成元素，始终服从于整体自然环境，与环境相互协调、融为一体、相映成趣，如图3-26所示。

图3-26　中国传统园林

以宫殿庭园为代表的西方传统景观模式则认为，人的力量高于自然、人定胜天，因此西方园林环境中人工化、几何化、抽象性的痕迹尤为明显，作为人类力量代表的建筑具有极高

36

的地位，通常以体量高大、严谨对称的姿态位于中轴线的起点上，控制和统帅整个轴线和园林，周围的环境和其他元素作为建筑的陪衬，如图 3 – 27 所示。

图 3 – 27　西方传统园林

2. 台阶与坡道

台阶与坡道是解决地面高差最常用的方法，同时也具有引导空间、划分空间的作用，如图 3 – 28 所示。

图 3 – 28　台阶与坡道

3. 围墙与隔断

园林环境中的围墙与隔断等竖向构件一般起到围合空间、界定空间、划分空间、装饰空间等作用，其材质以砖、石、水泥、木材、竹子、金属等为主，立面采用实墙、镂空墙、装饰墙、围栏等多种形式。艺术处理常见手法有：对墙体肌理和色彩进行加工；将其与浮雕、壁画、装饰照明、水景等结合在一起，以达到烘托主题的需要；还可将其与门洞、窗洞、漏窗等相结合，产生丰富的立面造型，如图 3 – 29 所示。

4. 桥

桥作为园林环境中的交通体，起到连接各部分空间的作用，经常与水景同时出现。由于其材料、结构等方面的造型变化，桥本身也作为装饰元素，配合水中的倒影，是园林环境中意境营造的重要手段。其材质多为石质、木质、混凝土、金属等，如图 3 – 30 所示。

图 3 – 29 围墙与隔断

图 3 – 30 桥

5. 亭与廊

亭与廊在园林环境中为人们提供休憩、游玩、遮阴、纳凉、避雨的场所。其材质以木质、竹质、混凝土、金属、砖木混合为主，在园林环境空间中往往起到画龙点睛的效果，如图 3 – 31 所示。

图 3 – 31 亭与廊

6. 公共设施

园林环境中常见的公共设施多为座椅、桌子、果皮箱、树池、指示系统、花钵、园灯等，不仅提供使用功能，其多样的造型还起到装饰、点缀空间环境的作用，如图 3 – 32 所示。

7. 雕塑小品

雕塑小品指经过艺术造型处理的雕塑等，在园林环境中起到艺术烘托的作用，如图 3 – 33 所示。

图 3-32 公共设施

图 3-33 雕塑小品

## 3.2 建筑配景的绘制方法

绘制完整的建筑设计图纸，各种配景即环境要素的绘制是必不可少的。

### 3.2.1 植物

树木是建筑环境中重要的景观要素，作为配景不宜过多强调趣味性，如盘根错节的老树枯藤或久经风吹的强烈动感。同时要注意符合实际情况，如北方建筑的配景中极少出现棕榈树之类的南方热带树木。

根据植物位置及作用在绘制时常分为远景、中景和近景处理。作为远景的植物，一般位于建筑及其他园林环境要素后面，起到衬托作用。因此绘制层次不宜过多，表现也不宜过于复杂，其深浅变化可根据前边主体物的深浅而变化调整。当建筑主体处于亮面，则植物配景可处理暗一些；当建筑主体处于暗面，则可将植物处理亮一些，使其产生相互间的衬托、对

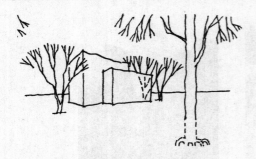

图 3-34 近、中、远景树木

比关系。中景的树木，可以绘制在建筑物的两侧或前面，当其在建筑物前面时，应布置在既挡不住重点部分又不影响建筑物完整性的部位。近景出现的树木，绘制时不应遮挡环境主体的主要部分，根据透视关系，一般只画树干和少量的枝叶，起到"框"的作用，如图3-34所示。

常见的植物配景有乔木、灌木、地被等。乔木一般较为高大，有明显的树干、树冠等结构部分，树干和树冠经常处于互相掩映的状态，因此在绘制时要注意它们相互之间的疏密关系的组织，切不可画得过于满；还需要注意其灵活性的用笔，切不可过于呆板，否则会失去植物的灵动和装饰作用。乔木绘制分为枝条型和树冠型两类。枝条型树木平面绘制时先用铅笔起稿，确定合理的半径，五圆同心，间距均等。墨线绘制三五支主干分叉于内圆一点或多点，止于最外圆；绘制主干分支在第二环区域内，每个主干两侧各添一枝，止于最外圆；依次向外绘制各小枝。应注意所有运笔都是由内向外模拟生长，如图3-35所示。立面绘制首先应确定合理的中央最高处，作地坪线和外轮廓弧线，进而向下等分增加两道弧线。所有运笔应注意由下向上模拟植物生长，指向并止于顶部的外轮廓线，如图3-36所示。树冠型树木平面绘制应首先确定合理的叶冠外边直径和中央的"空隙"，呈现两圆同心。在两圆之间随意作圆，大小不等、相互交叠。各圆的外轮廓线连接作为叶冠的外轮廓线。在中央空隙部位加上枝条型的主干，如图3-37所示。树冠型树木立面绘制首先用铅笔线作三五支主干，多点分叉于地坪线，左右适当。在上部随意作圆，大小不等相互交叠，作为叶冠立面的外轮廓线。用连续波折线绘制树冠的叶片，如图3-38所示。

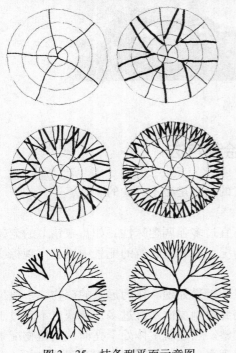

图 3-35 枝条型平面示意图

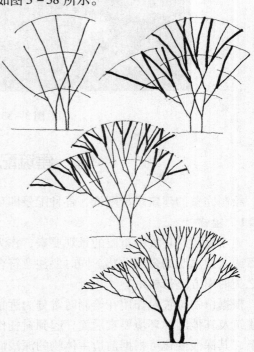

图 3-36 枝条型立面示意图

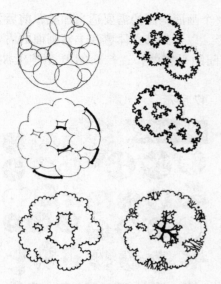

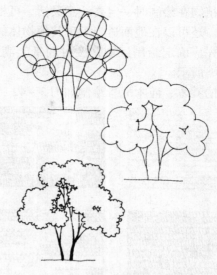

图 3 – 37　树冠型平面示意图　　　　　　　　　图 3 – 38　树冠型立面示意图

　　灌木相对矮小，没有明显的主干，在绘制时一般相对简洁概括，将其抽象化和几何化处理，但也要注意其疏密和明暗的组织。绘制灌木平面时首先根据环境平面图布置的需要确定灌木的大致范围，用弧线或折线框绘出大致轮廓。在框内随意作大小不等的圆，相互交叠，尽量连成整体，作为叶冠轮廓线，如图 3 – 39 所示。灌木丛立面的绘制应先确定合理的高度和所需要的宽度，做出地坪线和顶廓线。进而在 1/4 高度处作水平线，作为灌木丛叶冠与枝干的分界线。在 3/4 的范围内作圆，圆与顶廓线的交集作为叶冠线的轮廓，用 U 型连续折线绘制叶冠，如图 3 – 40 所示。

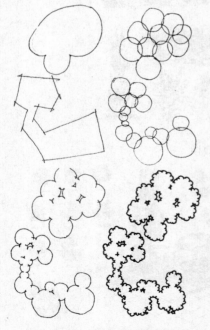

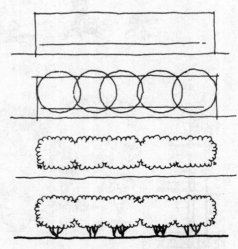

图 3 – 39　灌木平面示意图　　　　　　　　　　图 3 – 40　灌木立面示意图

地被植物在绘制时一定要注意灵活，可根据整个画面构图的需要适当加减，前后要注意虚实关系。还可以在地面适当表现其他物体的阴影，以达到其立体感和丰富画面的需要。平面绘制首先应确定绘制区域，在衬底纸上满铺等间距平行线，逐行绘制 U 型连续波折线，如图 3-41 所示。

常用的乔木、灌木配景绘制如图 3-42~图 3-47 所示。

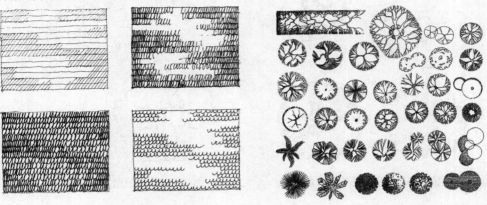

图 3-41　地被植物绘制示意图　　　　图 3-42　常用植物平面示意图

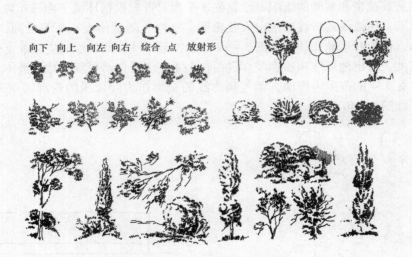

图 3-43　常用植物立面示意图

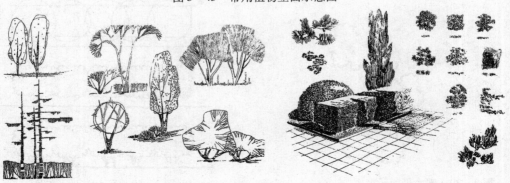

图 3-44 常用植物立面示意图　　　　图 3-45　植物配景组合图

图 3 - 46　松树立面图

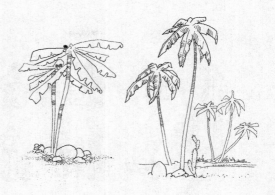

图 3 - 47　椰树立面图

### 3.2.2　人物

　　生动的人物绘制在效果图中，可以提高画面的质量、渲染气氛。配置人物的大小要符合透视规律，离画面近的地方，人物可以适当大一些，离画面远的地方，应表现得小一些。人物的绘制应按照准确比例画出轮廓即可，切不可喧宾夺主。人物服饰的描绘应与地域、季节相符合，人物衣着色彩鲜艳，可增加画面生动感。绘制人物切忌头大，我国成年人的高度比例为 7～7.5 头长。建筑画中人物一般宜用行走、坐、站等稳定安静的姿态，人物动向应该有向"心"的效果，朝向画面的视觉中心位置，不宜过分分散和动向混乱，同时注意分布的位置应自然。图 3 - 48～图 3 - 51 所示为多种人物绘制样例。

图 3 - 48　人物绘制样例（一）

图 3 – 49　人物绘制样例（二）

图 3 – 50　人物绘制样例（三）

图 3 - 51　人物绘制样例（四）

### 3.2.3　交通工具

　　交通工具主要包括汽车、自行车、摩托车、船舶等，应考虑与周边环境的大小比例关系，画的过小或过大都会影响到画面的整体效果。首先交通工具的绘制要注意其基本结构的准确把握，下笔干脆利落、大小符合透视规律，一般安排在画面的中景位置。交通工具的位置、方向、疏密等安排是否得当，对于整个画面构图的平衡、画面的氛围烘托等方面都起着重要的影响作用。图 3 - 52 ~ 图 3 - 54 所示为多种交通工具绘制样例。

图 3 - 52　交通工具汽车（一）

图 3 - 53　交通工具汽车（二）

图 3 - 54　交通工具汽车（三）

### 3.2.4　水体

　　水体的刻画往往是整个图面的点睛之笔，水体的色彩和闪光能够使画面变得生机勃勃。表现水体的简单办法是加强边界，强调水、陆之间的对比，如图 3 - 55 所示。

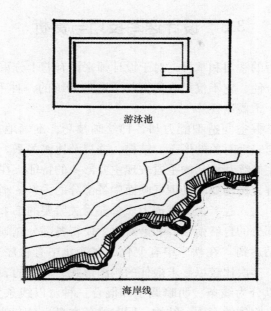

图 3 - 55 　水体的绘制（摘自《建筑平面及剖面表现方法》托马斯著）

### 3.2.5　铺地

　　建筑环境中的铺地是一种背景材料，把平面中的不同区域联系起来。铺地一般包括广场、人行道、路面等。绘制时首先应对整个图面视觉效果进行分析，再根据常识进行铺地图例的选择。图 3 - 56 所示为一些典型铺地图例。

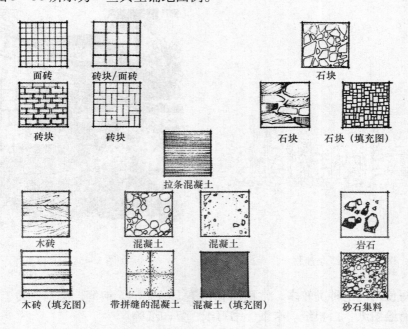

图 3 - 56 　典型铺地图例（引自《建筑平面及剖面表现方法》托马斯著）

# 3.3 设计速写技巧与赏析

　　建筑和园林环境速写的学习和掌握，对于设计师来说有着十分重要的意义。速写画的最大优点是快速、高效、方便，它不仅是收集资料、造型训练的一种手段，也是设计师推敲、交流、完善设计方案一个重要途径。

　　绘制速写要求熟练掌握空间造型能力和各种绘画技巧，准确地把握形态特征和体面关系，运用简洁的笔法快速表现对象的形态、结构、透视及比例关系。

　　速写的基本技法是用简练和概括的手段表现主要形象的特征，在整个画面中并不是所有部分都需要平均用笔。首先构图要求处理好画面中各部分的关系，画面内容应该有取舍，主要表现部分要有细节，引人入胜、富有表现力。舍弃无关紧要的细节，掌握好画面中的次要部分和留白，控制主次部分的自然衔接、和谐对比，使得各部分在画面中的比例恰当，产生画面的整体美感，使作品达到"在秩序中有变化，在变化中有秩序"的完美统一。作画前可以多做一些构图小样，多次比较以寻求最佳的构图形式、画面的表现与具体对象的塑造。

　　速写的表现形式可以分为线条、明暗调子和混合三种。以线条为主是最常用的表现手法，运用多种线条表现出物体的形体、结构，同时线条本身也具有独特的审美情趣，具有强烈的韵律感，如图 3 - 57 所示。采用明暗调子表现整体画面，首先将物体根据受光的不同，划分为许多体、面，运用明暗调子的变化表现物体。采用明暗调子的表现方法能够获得强烈的黑白对比，产生较强的视觉效果。实际作画中也可以将线条和黑白调子表现结合，结合二者的优点，使画面生动、富于变化，充分表现出物体的形状、体积和质感等效果，如图 3 - 58 所示。

图 3 - 57 线条速写

图 3 - 58 混合速写

　　绘制速写使用的笔种类较多，常用的有铅笔、马克笔、钢笔、炭笔、美工笔、蜡笔等。常用的纸张有绘图纸、白报纸、卡纸、书写纸、复印纸等。

## 3.3.1 建筑速写

　　建筑速写中建筑作为其表现的主体，在画面中所占的大小要合适。如果建筑在画面中所占的面积过大，使画面产生局促、拥堵、闭塞的感觉；相反建筑在画面中所占的面积过小，往往给人带来一种空旷与稀疏的感觉，整体画面容易产生主次不明的视觉效果。同时建筑在画面中的位置也应精心设计，建筑位于居中的位置，常会产生呆板的感觉。但过于偏向于画面的一侧，会产生画面重心偏向一边，主题不突出的视觉效果。因此，一般将建筑安排在画面中线稍微偏左或偏右一些的位置，其他配景根据主体建筑的位置适当安排，给人以视觉上的舒展与顺畅，如图 3-59 所示。

建筑所处的高度如果相对高一些，地面留的面积就会多一些；位于相对低一些的位置，地面留的面积就会少一些，天空所留的面积就会多一些，具体情况应根据表现画面的需要而定。通常把建筑安排在中线稍微偏上一点的位置，因为天空所表现的物体会相对少一些，而地面所表现的物体相对多一些，如果不留出足够空间表现地面物体，会给人产生局促的感觉。

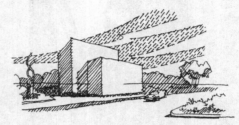

图 3-59　建筑速写构图

### 3.3.2　园林环境速写

园林环境速写，首先应根据整体环境的高低错落，选择合适的角度，把主要景物安排在视觉中心的位置上，从主体景物画起，向四周环境扩展，突出主题，对重点部位深入刻画，使画面整体完整、有虚有实、层次丰富，如图 3-60 所示。

图 3-61~图 3-81 所示为建筑和环境优秀学生速写样例。

图 3-60　园林环境速写

图 3-61　速写样例（一）

49

图 3 – 62　速写样例（二）

图 3 – 63　速写样例（三）

图 3 – 64　速写样例（四）

图 3 – 65　速写样例（五）

图 3 - 66　速写样例（六）

图 3 - 67　速写样例（七）

图 3 - 68　速写样例（八）

图 3 - 69　速写样例（九）

图 3 - 70　速写样例（十）

图 3 - 71　速写样例（十一）

图 3 - 72 速写样例（十二）

图 3 - 73 速写样例（十三）

图 3 - 74 速写样例（十四）

图 3 - 75 速写样例（十五）

图 3 - 76 速写样例（十六）

图 3 - 77 速写样例（十七）

图 3 - 78　速写样例（十八）

图 3 - 79　速写样例（十九）

图 3 - 80　速写样例（二十）

图 3 - 81　速写样例（二十一）

# 思 考 题

3 - 1　园林环境要素包括哪些？

3 - 2　园林环境中水体的表现形式有几种？

3 - 3　依据视觉审美的功能，树木种植形式有哪些？

3 - 4　建筑速写的绘制原则有哪些？

# 第4章  色彩知识及渲染

请按表4-1的教学要求，学习本章的相关教学内容。

表4-1  教学内容和教学要求表

| 教学内容 | 教学要求 |
|---|---|
| 4.1  色彩基本知识 | 了解<br>熟悉 |
| 4.1.1  三原色 | |
| 4.1.2  色彩的三个属性 | |
| 4.1.3  色彩体系 | |
| 4.2  色彩关系的基本法则 | 了解<br>熟悉 |
| 4.2.1  色彩的对比和调和 | |
| 4.2.2  色彩基调 | |
| 4.2.3  色彩混合 | |
| 4.2.4  色彩的面积与彩度 | |
| 4.3  水彩渲染 | 重点<br>掌握 |
| 4.3.1  渲染材料及工具的准备 | |
| 4.3.2  裱纸方法及步骤 | |
| 4.3.3  渲染技法 | |
| 4.3.4  水彩渲染图的表现方法步骤 | |

色彩从其本质讲是光反射到人眼后引起的一种视觉反应，是光对人的视觉与大脑的刺激和作用而产生的一种视知觉。人们在黑暗中无法分辨颜色。色彩物理学进一步证实，物体原本是没有色彩的，色彩产生于光。当光照射到物体上时，一部分被物体吸收，一部分被物体反射，另一部分透射到物体的另一侧，人眼所观察到的物体的颜色实际上就是物体反射光的颜色。因而，所谓物体的"固有色"只是一个虚幻的概念。

## 4.1  色彩基本知识

色彩从广义上讲包括光色和物色，前者是指光源发出的直接进入人眼睛的色光的颜色，后者则是指经由物体反射或透射后进入人眼睛的色光的颜色。色彩按其表现形式可以分为有彩色和无彩色，其中黑、白、灰等颜色属于无彩色，它们不包括在可见光谱中，是色彩体系中不可缺少的组成部分。本章的色彩研究是针对物体色中的有彩色。

### 4.1.1  三原色

色彩的原色是指彩度最高、色相特征最明显、而且相互之间没有共同成分的色彩，有彩色的三原色是红（品红）、黄（柠檬黄）、蓝（天蓝），而红、绿、蓝则是对应的色光三原色，如图 4-1 所示（见文后彩插）。

物色的三原色等量相加即得到黑色，三原色之不同量的混合，以及原色与无彩色之间不同量的混合，产生成千上万种不同的彩色。

### 4.1.2　色彩的三个属性

为了科学、准确地描述色彩，研究表明色彩有三个基本要素，即色彩的三个属性——色相（H）、明度（L）、纯度（S），三者在任何一个物体上都必须同时显示、不可分离，是色彩最基本的构成要素，如图 4-2 所示（见文后彩插）。

（1）色相（Hue）又称波长，指色彩的基本面貌，是颜色彼此相互区分最明显的特征。在可见光谱中，人的视觉能感受到红、橙、黄、绿、蓝、靛、紫，每一个色名都代表了一个特定的色彩印象。

（2）明度（Value 或 Brightness）指色彩的明暗程度。色彩中含有白色成分越多，其反射率就越高，明度越高；反之黑色成分越多，反射率越低，明度就越低。色彩的明度具有较强的独立性，可以不带任何色相的特征，仅用黑、白、灰无彩色关系单独表现。从黑到白之间有无限多的明度台阶，人眼可以识别的明度层次约有 200 个左右。

（3）纯度（Saturation 或 Chroma），又称饱和度或鲜度，是指色彩的鲜浊程度和含色量程度，它取决于某色光波长的单一程度，体现了色彩的内向品质，是色彩的精神。人眼视觉能辨认出来的有色相感的颜色，都具有一定程度的鲜艳度，例如红色，当它混入了白色后变成了淡红色，虽然淡红色的明度比红色提高了，但由于淡红色中红色的含量减少了，使得其鲜艳度降低了，因此淡红色的纯度比红色减弱。在实际的设计工作中，对色彩纯度的选择往往是决定颜色的关键。

### 4.1.3　色彩体系

色彩体系的分类很多，目前国际上常用的几种色彩体系是：蒙赛尔色彩体系、奥斯瓦尔德颜色体系、CIE（国际照明委员会）标准色度学系统及日本色彩研究所（P.C.C.S）

1. 蒙赛尔色彩体系

蒙赛尔所创建的颜色体系采用颜色立体模型表示颜色，是一个类似球体的三维空间模型，把物体各种表面色的三种基本属性——色相、明度、饱和度全部表示出来，并按照一定规律构成圆柱坐标体，如图 4-3 所示。

色立体水平轴方向组成是色相环，以红（R）、黄（Y）、绿（G）、蓝（B）、紫（P）五原色为基础，再加上它们的中间色相，橙（YR）、黄绿（GY）、蓝绿（BG）、蓝紫（PB）、红紫（RP）成为十个色相，按照顺时针方向顺序排列，如图 4-4 所示（见文后彩插）。蒙赛尔色相环上相对的两色互为补色。

色立体的垂直方向中心轴表示明度，共分为 11 个阶段，分别代表了黑、灰、白等共 11 个等级的明度。垂直轴的顶部定为最高值为 10，表示了理想的白色；垂直轴的底部定为最低值为 0，表示了理想的黑色，中间依次有各种灰色（N），因此称为无彩色轴，如图 4-5 所示。

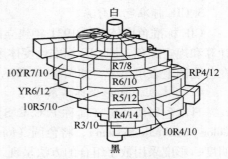

图 4-3　蒙赛尔色立体

55

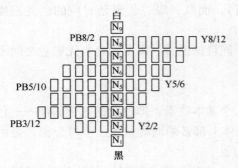

图 4 - 5　无彩色轴

蒙赛尔色立体的标色方式有两类，其中有彩色表示为 HV/C，即 H 色相、V 明度、C 彩度，例如 6PB4/6，即表示蓝紫色相 6 号，明度 4，彩度 6；无彩色表示为 NV，例如 N6 表示明度为 6 的无彩灰。

2. 奥斯特瓦尔德体系

奥斯特瓦尔德（1853 - 1952 年），是德国的物理化学家，因创立了以本人为名字的表色空间而获得诺贝尔奖。该颜色体系包括颜色立体模型、颜色图册及说明书，如图 4 - 6 所示。

奥斯特瓦尔德色立体表色方法是将物体表面色彩用黑（B）、白（W）以及纯色（C）为三个要素的混合表示。其中以赫林的生理四原色为基础，即黄（Y）蓝（B）、红（R）、绿（G），其色相环就是将四色分别在圆周的四个等分点上，成为两组互补色，再将两色中间各自增加橙（O）、蓝绿（BG）、紫（P）、黄绿（YG），共同形成奥斯特瓦尔德颜色体系的 8 个基本色相为黄、橙、红、紫、蓝、蓝绿、绿、黄绿，每个基本色相又分为 3 个部分，组成 24 个分割的色相环，从 1 号排列到 24 号，如图 4 - 6 所示。其中垂直轴为无彩色轴，由下向上按照对数刻度配置由黑到白。此色立体是由 24 个同色相正三角形所组成，由外周顶点连成纯色环而形成的复圆锥体。

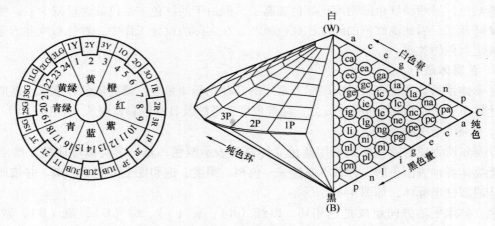

图 4 - 6　奥斯特瓦尔德色相环及色立体

3. CIE 标准色度体系

CIE 标准色度体系是 1931 年建立的一种色彩测量国际标准，采用了严格的数学方法来计算和规定颜色，即 CIE 标准色度体系。在这个系统中，任何一种颜色都可以用两个色坐标在色度图上表示出来，如图 4 - 7 所示（见文后彩插）。

4. 日本实用色彩坐标体系

日本色彩研究所（简称 P.C.C.S）于 1964 年发表了日本实用色彩坐标体系（Practical Color Coordinate System），将色调（tone）的符号和色相号码组合成简单的表示方法，色相、明度、彩度采用数字组合的方法呈现，体现了蒙赛尔色彩体系和奥斯特瓦尔德色彩体系的优点，如图 4 - 8 所示（见文后彩插）。

# 4.2 色彩关系的基本法则

研究色彩的最终目的是为了进行色彩的设计和创造，因此必须掌握色彩美学的基本法则。

## 4.2.1 色彩的对比和调和

### 1. 对比

实现色彩对比应具备三个基本条件：首先，有两种或两种以上颜色，有可比性，是实现色彩对比的前提；其次，色彩间的比较应有明显差异，差异是色彩对比的目的；第三，两种颜色的比较必须在同一人的视觉中进行，即在同一视场内进行。色彩的对比主要包括色相对比、明度对比、纯度对比及并存对比等，如图 4-9 所示（见文后彩插）。

#### 1) 色相对比

由色彩相貌差异而形成的色彩对比，即不同颜色的对比，主要包括类似色对比、三原色对比和互补色对比。

类似色对比是指按照光谱排列顺序，对比的两色相隔的距离在色环上所处的角度为15°，这种对比色彩过渡自然，没有跳跃感，有助于强化平衡、和谐、悦目、统一的感觉。例如，蓝色和带有紫色味的蓝，虽然稍微带有紫色味，但仍然属于蓝色的范畴，这种对比称为类似色对比，又称色相的弱对比。

三原色对比指对比的两色在色环相隔的角度为 120°，是较强的一种对比效果。这种对比色彩鲜艳、醒目，色彩跳跃感强，例如红、黄、蓝的对比。

互补色对比是指色相色环中相隔 180°的两个颜色，是色相中最强的对比，比三原色对比更丰满、富有刺激性，其颜色会更艳丽、更鲜明、更强烈、更醒目，在短时间内给人留下强烈的视觉印象。例如，"红与青""蓝与黄""绿与品（红）"等，都属于互补色对比。

#### 2) 明度对比

不同的颜色并置，在比较中呈现出明度的差异，称为明度对比，是影响力最大的、最基本对比。明度是黑色和白色之间有序变化的，同步度的移动和渐变，由若干个黑、白、灰色阶组成。不同的黑、白、灰色明度色阶搭配时，会产生明度对比中强弱、鲜明、沉闷等许多不同的变化和感觉。明度对比大，给人以强烈的感觉；明度对比小，给人以柔和的感觉。

#### 3) 纯度对比

不同的颜色并置，在比较中呈现出纯度的差异，称为纯度对比，是最为柔和、含蓄的对比。色彩的明度直接影响其纯度，对同一色相来说，明度适中时，纯度最大，明度或大或小都会相应减小纯度。纯度高的色彩比纯度低的色彩更容易吸引人的视觉注意力。因此，一般背景色彩的纯度要低一些，这样有利于突出主体。

### 2. 调和

色彩的调和指两种或两种以上色彩的合理搭配，产生统一和谐的视觉效果。"调"有调整、调理、调停、调配、安排之意；"和"可做和谐、和平、适宜、有秩序、没有尖锐的冲突、相互依存、相得益彰等解释。

色彩的和谐来自对比，没有对比就没有刺激神经兴奋的因素，但只有兴奋而没有舒适的休息会造成过分的疲劳和精神紧张，也不能达到和谐之美。因此色彩的对比是绝对的，调和是相对的，对比是目的，调和是手段。图 4-10 所示（见文后彩插）为同种色调和的实例，各种不同明度与纯度的黄色叶片组成了一幅和谐美丽的森林景观。

色彩的调和又分为同种色调和、类似色调和及对比色调和。

**4.2.2　色彩基调**

色彩基调指画面色彩的基本色调，是一种对色彩结构的整体印象。整体色调中各色对主体色的服从性，以及各色相之间的相互关系，决定了色彩基调的面貌特征和结构特征。通常把彩色画面的基调分为以下几种：

（1）暖色调：暖色能刺激人的情感，如看见红色或黄色，就能产生暖的感觉。这种色调适宜表现热情、欢快、激动、奔放的内容。

（2）冷色调：冷色是指蓝色、蓝绿、蓝青和蓝紫等，这些颜色让人产生冷感。蓝色也使人们联想到大海、月夜，给人们以清凉的感觉，这种色调适宜表现恬静、低沉、淡雅、严肃的内容。

（3）浅色调：浅色调是指那些被白色或灰色冲淡了的颜色，相邻的色彩较多、比较和谐，在一种颜色中有丰富的层次。浅色调给人以平静、清新、安稳的感觉。这种色调适宜表现沉思、幽静、淡雅、柔和的内容。

（4）强烈对比的色调：强烈对比的色调是指那些高纯度的颜色，没有掺杂白、黑、灰的颜色。整个画面色彩饱和度大，亮度高，给人以强烈的感受。这种色调适宜表现朝气蓬勃、积极向上的内容。

**4.2.3　色彩混合**

色彩混合分为加光混合、减光混合与中性混合三个类型。

1）加光混合

加光混合属于色光的混合，即将光源体辐射的光合照一处，产生出新的色光。例如我们的面前有一堵石灰墙，在黑暗中，眼睛看不到它。当墙面被红光照亮时，它就呈现为红色，若被绿光照亮时则呈现为绿色。如果我们将红绿光源混合照向墙面时，它则呈现出黄色。因为两种色光混合投照之后变亮了，我们称之为加光混合。图 4-11（a）所示（见文后彩插）为加光混合。

2）减光混合

减光混合指色料混合时不发光却将照来的光吸掉一部分，将剩下的光反射出去。不同色料吸收色光的波长和亮度的能力不同。色料混合之后形成的新色料，一般都能增强吸光的能力，削弱反光的亮度。在投照光不变的条件下，新色料的反光能力低于混合前的色料的反光能力的平均数，因此，新色料的明度降低了、纯度也降低了，称为减光混合。红、黄、蓝三种原色相加得到近似于黑色的黑灰色，明度明显减弱、纯度降低，图 4-11（b）所示（见文后彩插）为减光混合。

3）中性混合

中性混合指一种色彩进入视觉后发生的混合，由于混合后色彩亮度与加光或减光混合不同，是混合各色的平均值，因此把这种色彩混合的方式称为中性混合，如图 4-12 所示（见文后彩插）。

**4.2.4　色彩的面积与彩度**

色彩设计中，面积是极为重要的因素。色彩面积的大小直接影响色彩给人的最终感受。同样的色彩，小面积色卡与大面积施色产生的效果差别很大，大面积应用会显得效果强烈、色感强。在建筑及园林环境设计等色彩设计中，小面积宜采用高彩度色彩，大面积施色则宜采用低彩度色彩，以获得色彩感觉的舒适和平衡。

## 4.3　水彩渲染

水彩渲染是建筑设计表达的一种基础技法，主要以水彩均匀的运笔着色配以精细准确的轮廓线为基本特征。水彩颜料具有透明性，通过色彩的叠加，可以生动地表现出材料的质感；轮廓线能够突出表现对象的形体特征，两者搭配相得益彰。

### 4.3.1　渲染材料及工具的准备

水彩渲染前需要准备一些渲染材料和工具：水彩颜料、画笔、水彩盒、纸张、水桶等。

1. 水彩颜料

水彩色的原料主要从动物、植物、矿物等各种物质中提取制成，也有化学合成的。颜料中含有胶质和甘油，使画面具有滋润感。水彩画颜料有以下特性：

（1）透明性。水彩颜料经与水调和后，较多的颜色是透明或半透明的。通常易沉淀的颜料透明度低，不易沉淀的颜料透明度高。

（2）沉淀性。赭石、群青、土黄等颜料渲染时易沉淀。渲染时首先将颜料与水进行配比，并不时轻轻搅动配好的颜料，以免造成着色后沉淀不均匀和颗粒大小不一致。

（3）易干性。水彩画颜料易干燥凝结，如干结后龟裂或呈颗粒状，虽可用水浸泡溶解，但会严重影响作画效果。因此颜料使用完毕后，一定要及时拧紧盖子，以防固化。

2. 画笔

水彩渲染常用的画笔分为排笔和毛笔。毛笔分为大白云、中白云、小狼毫（衣纹笔）。排笔主要用于大面积的平涂和渲染，如天空的着色。大号毛笔用于大面积的渲染，如墙面、地面的着色；中号毛笔用于局部渲染，小号毛笔侧重于细部的描绘。渲染前用冷水或温水将笔化开、洗净，使用过程中将毛笔合理搁置，以防损伤笔毛；用后要及时冲洗干净，并甩掉多余水分再套入笔筒内。

3. 纸张

渲染图应使用质地较韧、纸面纹理较细又有一定吸水能力的图纸。热压制成的光滑细面的纸张不易着色，又容易破损纸面，不适宜用于渲染。

4. 其他

除了上述主要工具，水彩渲染还需要准备水彩盒、水桶、调色盘、调色碟等辅助工具。

### 4.3.2　裱纸方法及步骤

裱纸是水彩渲染过程的首要环节。为了避免渲染时纸张大面积涂水后遇湿膨胀，产生凹凸不平的现象，使用前将纸张充分吸收水分，然后将其固定在图板上，待纸张全面干透后再进行渲染。

1. 裱纸工具

课程训练中，裱纸工具包括水彩纸、棉质白毛巾、白乳胶或水胶带。

2. 裱纸步骤

裱纸的方法有干裱法和湿裱法两种。本节重点讲述干裱法。

（1）折纸边。纸张裁好后将四边折 1.5cm 宽的边，纸的光面朝上，向上折起。一方面为涂抹乳胶做准备，另一方面防止下一步注水时，有水溢出，如图4-13所示。

（2）注水加湿。将清洁水倒在纸面上，高约0.5cm。纸浸泡后会膨胀，约15min后沿纸角将多余水倒出，如图4-14所示。

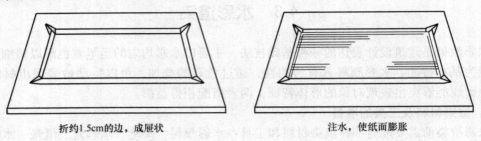

折约1.5cm的边，成屉状　　　　　　　　　　　　注水，使纸面膨胀

图4-13　裱纸步骤1　　　　　　　　　　图4-14　裱纸步骤2

（3）刷乳胶。将纸摆放于图板正中且与图板边缘平行，折起的纸边外沿刷乳胶。注意不要把乳胶蹭入图板中央部位，以免将来由于粘合图纸难以下板，如图4-15所示。如使用纸胶带，首先依据纸张四边长度，截取略长于纸张边长的胶带纸，蘸水湿润后粘于纸面与图板上。注意使用纸胶带应同时粘贴纸张和图板，粘贴宽度应均衡，避免开裂。

（4）与图板粘合。先压合图纸两长边的中间部分，两手同时反向、向外用力。再以相同的方法压合图纸短边的中间部分。然后在两组对角对称用力，分别从压合好的中间部位向角端赶压，最后确认四边全部粘牢，如图4-16所示。

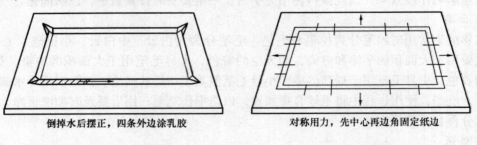

倒掉水后摆正，四条外边涂乳胶　　　　　　　　对称用力，先中心再边角固定纸边

图4-15　裱纸步骤3　　　　　　　　　　图4-16　裱纸步骤4

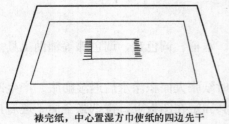

裱完纸，中心置湿方巾使纸的四边先干

图4-17　裱纸步骤5

（5）图纸干燥。浸泡潮湿的纸张应先干燥四边，形成收缩纸面的拉力，使纸面绷平。为保证中间的潮湿度可在纸中心放一小块湿毛巾，待四边干透再取掉，待中间慢慢干燥，如图4-17所示。

在图纸裱糊齐整后，务必将图板平放阴干，避免图纸由于不均匀吸水而开裂。如纸面存在注中存水，可用工具及时吸掉，并使用湿润排笔轻抹折边内图面使其保持一定时间的湿润。发生局部粘贴折边脱落时，可用小刀蘸取白乳胶深入裂口，重新粘牢；如图纸边缘脱边太大，应揭下图纸重新裱糊。

### 4.3.3　渲染技法

1. 光影分析

建筑物在光照和环境影响下明暗变化错综复杂，仔细分析观察这些细微变化，才能准确把握建筑的前后层次，给予翔实的刻画，赋予它生动的体积感。

1）光线构成

空间中我们将阳光作为光源，是一组无穷远的平行光线。建筑画面上的光线定为建筑物斜上方 45°，其水平、垂直投射角均为 45°，如图 4-18 所示。

2）光影变化

物体受直射光线照射后分别产生光面、阴面、高光、明暗交界线以及反光和反射。如图 4-19 所示，三角锥和圆柱体受到光源作用后，受光充足的面形成光面，不受光的面形成阴面，光面与阴面交界线形成明暗交界线，周围环境对阴面的受光产生反作用，形成反光。

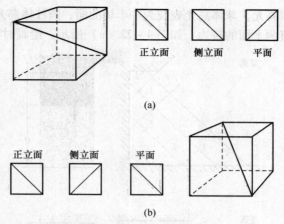

图 4-18　光线的构成

（a）直线光线的构成；（b）反射光线的构成

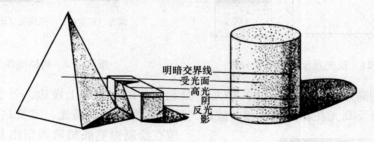

图 4-19　三角锥和圆柱的受光分析

3）光影分析及其渲染要领

（1）面的相对明度：建筑物上不同的面与左上方 45°光线交接会形成不同的明暗关系。如图 4-20 所示，我们将这些面的水平投影面分别用 $A$、$B$、$B'$、$C$、$S$、$B'$ 表示。$A$ 面受到的光线强度最强，渲染时可不上色或者略施淡色；$B$ 面与 $B'$ 面是垂直墙面，是次亮部分，做墙面本身明度即可。$S$ 面部分处在阴影区，渲染时用色最深，是最暗的部分。$C$ 面与光线平行，处理成阴面，渲染时颜色重于 $B$ 面与 $B'$ 面，轻于 $S$ 面。通过上面的分析，明确不同的受光面在渲染时的深浅层次变化，由浅到深退晕法处理。

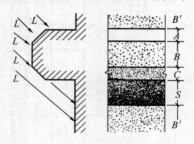

图 4-20　面的相对明度分析

（2）反光和反影：建筑物除了承受日光等直射光线外，还承受这种光线经由地面或建筑邻近部位的反射光线，如图 4-21 所示。如 $B$ 面下部反光较强，渲染按照由上而下退晕；$S$ 面本身处于阴影区，但由于受到 $L_2$ 的照射，立面产生由上而下逐渐加深的变化层次。反影是反光产生的特殊效果，$S$ 面中凸出部分 $P$，受遮挡不承受 $L$ 光，但地面反射来的 $L_1$ 光，使它在 $S$ 面的影内又增加了反影效果。渲染最后阶段，添加反影往往能起到画龙点睛的作用。

（3）高光和反高光：建筑物上各几何形体与光线角度完全垂直的部位，由于受光充足形成高光，球体高光表现为一小块曲面，圆柱体高光是一条窄路，正方体高光是迎光的水平和垂直两个面的棱边，如图4－22（a）所示。绘画时注意高光细节的表达，能增加画面生动性。

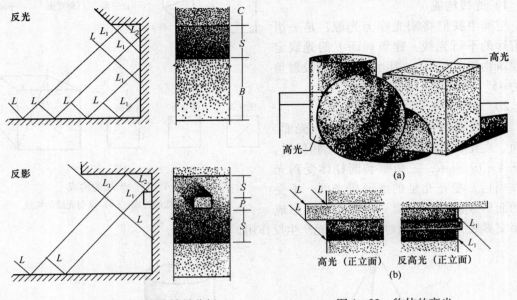

图4－21　反光及反影的效果分析　　　　图4－22　物体的高光

正立面中的高光如图4－22（b）所示，凸起部分的左棱和上棱边，处于影内的棱边无高光；根据分析反高光在物体右棱和下棱边，处于反影内无反高光。渲染高光和反高光时，应在绘制铅笔底稿阶段留出其位置。高光一般都不着色，反高光较高光暗一些，渲染阴影部分逐层进行一两遍后也要留出其部位再继续渲染。

4）圆柱体的光影分析和渲染要领

圆柱体渲染时，首先在柱体立面图下做辅助半圆平面图，并进行等分，如图4－23所示，再根据45°直射光线分析各小段的相对明度：a—高光部位，渲染时留空；b—最亮部位，渲染时着色一遍；c—次亮部位，渲染时着色2～3遍；d—中间色部位，渲染时着色4～5遍；e—明暗交界线部位，渲染时着色6遍；f—阴影和反光部位，阴影5遍，反光1～3遍。渲染前半圆等分越细，对应柱体各部位的相对明度差别越细微，柱子的光影转折也就更为柔和。

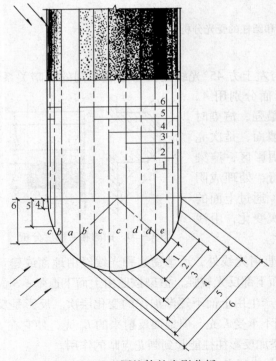

图4－23　圆柱体的光影分析

2. 运笔的方法与技巧

1）渲染运笔的三种方法

渲染运笔的三种方法，如图4－24所示：

（1）水平运笔法：用大号毛笔做水平移动，适宜大面积操作。

（2）垂直运笔：毛笔上下运笔，但距离不能过长，同一排中运笔的长短要大体一致，应避免放置过长的笔道水流急剧下淌，造成上色不均匀。运笔的速度要均匀，垂直运笔适宜图面中长条形小面积的渲染。

（3）环形运笔法：环形运笔时笔触起搅拌作用，使前后上色的颜料不断均匀调和，从而产生柔和的渐变效果。

2）运笔技巧

（1）渲染前将所用颜料调稀，不可过于浓重；图板前端垫起，形成15°角坡面，渲染运笔时毛笔含量要饱满，如图4-25所示。

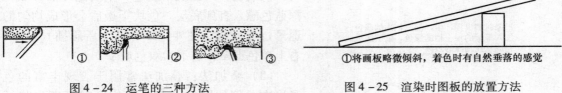

图4-24　运笔的三种方法　　　　　　图4-25　渲染时图板的放置方法

　　　　　　　　　　　　　　　　　　　　①将画板略微倾斜，着色时有自然垂落的感觉

（2）渲染时从左至右逐层向下运笔，每层2~3cm，运笔轨迹成螺旋状，起到搅匀颜色的作用。应尽量减少笔尖与纸面的摩擦，一层画完用笔尖拖到下一层，如图4-26所示。

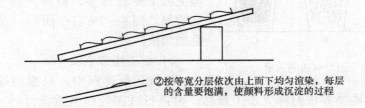

②按等宽分层依次由上而下均匀渲染，每层的含量要饱满，使颜料形成沉淀的过程

图4-26　渲染时的运笔方法

（3）进行渲染色块基础练习时，先用铅笔轻轻画出方框，起笔与走笔都应找齐边界。全部涂完后用挤干的毛笔浮在颜色中将最后一层水分吸干，避免最后画完的湿色向略干部分返水，成为花斑，如图4-27所示。

3. 渲染的基本技法

水彩渲染的基本技法为平涂、退晕和叠加三种。渲染涂色过程利用颜色匀速沉淀，过于浓重的颜色会出现不均匀的沉淀，因此表现重色应采用叠加法，一遍色完全干透再画另一遍，通过多次叠加渲染达到预定的深度。

1）渲染技法

（1）平涂法：用于表现受光均匀的平面。首先根据所画面积大小调出足量的颜色，渲染应尽量一气呵成，避免调色后的颜料搁置一段

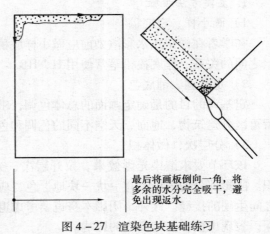

最后将画板倒向一角，将多余的水分完全吸干，避免出现返水

图4-27　渲染色块基础练习

时间后发生沉淀，色彩浓度发生变化，造成色度不均。

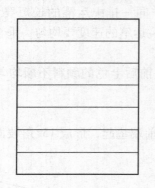

退晕时调出浅、中、深三档次的颜色，
加入等量的深一档的颜色，依层递进
完成从浅到深的过渡

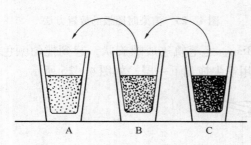

图 4-28　退晕画法的演示

（2）退晕法：常用于表现受光强度不均匀的平面或曲面，如天空、地面、水面的远近变化以及屋顶、墙面的光影变化等。如图 4-28 所示，一般用 3 个小玻璃杯分别调出深、中、浅 3 种颜色。深浅退晕时将浅色部位朝上，如表现蓝天效果从浅蓝到深蓝。分层运笔时第一层画浅蓝，然后蘸一笔中蓝色，在浅蓝杯中搅合后画第二层，再蘸入一笔中蓝色画第三层，至中间部位的层次时，浅蓝色杯内已成中蓝色，重复这样的方法将深蓝色蘸入直到底层。色块干燥后会形成均匀的退晕过渡效果。图 4-29（见文后彩插）左下、右上单色退晕；右下为双色退晕。

（3）叠加法：叠加法常用于表现丰富的色彩层次，例如圆柱的刻画。渲染时可事先将画面按明暗光影分条，用同一浓淡的颜料平涂，分格逐层叠加。渲染前注意合理调配颜料浓度，避免渲染遍数过多，破坏纸面平整度，影响表现效果。图 4-29 右中所示（见文后彩插）为叠加画法。

2）渲染注意事项

渲染运行过程中，只能前进不可后退，发现前面有毛病，则要等该遍画完、干燥后，再进行洗图处理或重新再画。洗图法是先将色块四周用扁刷刷湿，再刷湿色块部分，避免先刷色块形成掉色沾在白纸上；然后用海绵或毛笔擦洗，用力不可过重，以免伤及纸面。洗图法只应用于弥补小毛病，出现较大的问题应重画。

### 4.3.4　水彩渲染图的表现方法步骤

1. 主要方法步骤

1）画小样、定底稿

初学者在做正式水彩渲染前应做小样底稿，确定整体画面的总色调，准确把握主体与衬景之间的关系。作底稿铅笔常使用 H、HB。

2）定基调、铺底色

定基调的目的是确定画面的总体色调，求得画面的统一。先用较淡的底色平涂一层，然后再区分建筑物、地面、天空不同的色调和色度。

3）分层次，做体积

该环节要求渲染光影效果、拉开层次、突出体积。建筑物的阴影能表现层次、衬托体积。阴影部分的渲染不宜一块一块地上色，应临近的部分整片渲染、色调和谐，避免阴和影之间生硬的接缝。此外，阴影本身也要考虑退晕效果并符合光影关系，例如檐下阴影上浅下深，表现出檐下天花反光的影响。

4）细刻画、求统一

对画面表现的空间层次、建筑体积、材料质感和光影关系做深入细微地描写，应服从整体画面的空间层次。

5）画衬景、托主体

渲染最后阶段应注意整体关系协调。衬景的渲染色彩应简练，起到衬托作用，用笔不宜过碎，切不可喧宾夺主，尽可能一遍完成。

图 4－30 所示（见文后彩插）为水彩渲染图的表现步骤，图 4－31 所示（见文后彩插）为分步渲染示例。

2. 材质的渲染与表现

材质渲染是入刻画的必要过程，应特别注意局部与整体的统一协调。

1）各种砖墙

尺度较小的材料如清水砖墙面的渲染常用两种方法：一是墙面平涂或退晕渲染底色后，用铅笔画横向砖缝；二是使用鸭嘴笔将墙面色做水平线，线与线之间的缝隙相当于水平砖缝，主要线条表现砖的宽度。

尺度较大的砖墙面的渲染，首先应画出砖缝铅笔稿，首先淡淡地涂一层底色；留下高光后平涂或退晕着色；最后挑少量砖块做出砖块深浅变化，以丰富画面效果，如图 4－32 所示（见文后彩插）。

2）抹灰墙

抹灰墙面的渲染可用退晕的方法打破平板单调感。墙面处理可略带退晕整片渲染，表示光影透视或周围环境反光效果；较粗糙的墙面可用铅笔画一些斑点表示。

3）碎石墙、虎皮墙、卵石墙等

此类墙体的纹路复杂多变，用铅笔先打底稿后平涂淡底色，然后可先依主次关系分块局部渲染，最后从整体关系考虑加以通体退晕。

4）屋顶

屋顶位置居高，应有较突出的虚实关系。檐口部分应加强，远离部分减弱，与亮面墙体接触部分用稍重的色彩形成对比。瓦状屋顶应重点刻画明暗交接的地带，适当画出瓦块或纹路，如图 4－33 所示（见文后彩插）。

5）玻璃门、窗

玻璃门、窗按照色彩属性分属于冷色调，材料质感光滑透明，是建筑墙面上"虚"的部分，与墙面、屋顶形成冷暖、虚实、体量轻重、表面平滑与粗糙等多方面对比。玻璃色调可选择蓝绿、蓝灰等蓝色调中的透明色。门的表现方法，如图 4－34 所示（见文后彩插）。

渲染步骤：①作底色；②作玻璃上光影；③作玻璃光影变化；④作门窗框；⑤作门窗框阴影。渲染采用程式化手法，以垂直方向、水平方向或 45° 对角方向做退晕，再辅以垂直、水平方向的块状与线状的色块，充分表现玻璃的质感、光感。玻璃门、窗的框架多，应细心留出高光部分。

3. 配景渲染

1）天空

天空面积较大，应为开阔、明朗的效果。渲染时选择天蓝色较多，由上至下深浅过渡，为了求其变化，可打破上下垂直关系而略呈倾斜。渲染云层时，云层边缘虚实变化的轮廓，宜采用湿画法，先用水把纸洇湿，待半干时按照云彩的态势铺色，利用纸面干湿不均的特点，使颜色自由扩散，再做调整，如图4-35所示（见文后彩插）。

2）树木

渲染树木配景首先应区分树木在构图中的远近关系。远景树用整体色块表达，同时结合干、湿画法，表现树木的稀疏起伏；表现近景树常用增加细部笔触的方法。乔木渲染的关键是树冠整体造型和中间空隙的造型处理，树冠不可呆板，间隙应注意疏密。低矮灌木成片成群，枝干可略带几笔或完全不画，主要表现灌木的整体起伏与明暗关系，如图4-36所示（见文后彩插）。

3）水面

建筑画渲染中多为表达静水中的倒影。主要的方法是：先铺底色，待干后把建筑物的倒影没于水下，并用笔自左至右托出一些笔触，最后用橡皮擦出水面反光，如图4-37所示（见文后彩插）。

4）草地与山石

草地渲染应画大关系，表现草地层次的变化，重点部位略点画一些细节，如加画树影等会增强其进深感。山石多选用灰蓝、灰紫及深褐色，渲染时应注重受光面、背光面与阴影的处理，如图4-38所示（见文后彩插）。

# 思 考 题

4-1 色彩的三个属性是什么？

4-2 色彩关系的基本法则有哪些？

4-3 水彩渲染前裱纸方法及步骤有哪些？

4-4 应掌握哪些水彩渲染图的表现方法步骤？

# 实训课程作业

**实训内容**

1. 12色相环（平涂）练习。

2. 叠加渲染（红、蓝）练习。

3. 单色退晕练习。

4. 异色退晕练习。

5. 作业标题练习。

**实训要求**

1. 构图完整、均衡。

2. 色环色彩准确，明度、色相、纯度到位。

3. 渲染均匀，退晕过度和缓。

4. 图面整洁，字体设计良好，字体线条、渲染到位。

**渲染实训作品欣赏**

渲染实训作品欣赏，如图4-39~图4-44所示（图4-41~图4-44见文后彩插）。

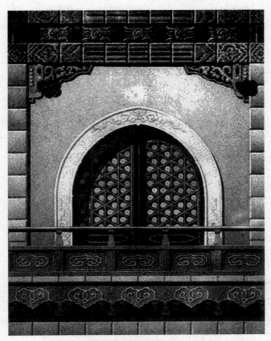

图 4-39　作品欣赏（一）

图 4-40　作品欣赏（二）

# 第5章　建筑及园林抄绘

请按表5-1的教学要求，学习本章的相关教学内容。

表5-1　教学内容和教学要求表

| 教学内容 | 教学要求 |
| --- | --- |
| 5.1　制图常识 | 掌握 |
| 　5.1.1　图纸幅面、标题栏及会签栏 | |
| 　5.1.2　图线 | |
| 　5.1.3　比例 | |
| 　5.1.4　尺寸标注 | |
| 　5.1.5　指北针 | |
| 　5.1.6　剖切符号 | |
| 　5.1.7　标高符号 | |
| 5.2　建筑的构造组成 | 了解熟悉 |
| 　5.2.1　基础 | |
| 　5.2.2　墙与柱 | |
| 　5.2.3　地面与楼面 | |
| 　5.2.4　台阶与楼梯 | |
| 　5.2.5　门窗 | |
| 　5.2.6　屋面 | |
| 5.3　工程图纸的基础知识 | 重点掌握 |
| 　5.3.1　建筑总平面图的基础知识 | |
| 　5.3.2　建筑平面图的基础知识 | |
| 　5.3.3　建筑立面图的基础知识 | |
| 　5.3.4　建筑剖面图的基础知识 | |
| 5.4　工程图纸的识读 | |
| 　5.4.1　建筑总平面图的识读 | |
| 　5.4.2　建筑平面图的识读 | |
| 　5.4.3　建筑立面图的识读 | |
| 　5.4.4　建筑剖面图的识读 | |
| 5.5　工程图纸的绘制 | |
| 　5.5.1　建筑总平面图的绘制 | |
| 　5.5.2　建筑平面图的绘制 | |
| 　5.5.3　建筑立面图的绘制 | |
| 　5.5.4　建筑剖面图的绘制 | |

# 5.1 制图常识

建筑工程图样是建筑施工的技术语言。为了统一房屋建筑制图的规则，便于技术交流，保证制图效果质量，符合设计、施工、存档的要求，建筑工程图样中的格式、画法、图例、线型、文字以及尺寸标注等均有统一的标准。因此，绘制建筑工程图纸必须高度认真、严谨、一丝不苟。图纸一经确定，任何误差都会给工程实施带来不可弥补的损失。1973年我国颁布了《建筑制图标准》，对于图纸幅面的大小、图样的内容、格式、画法、尺寸标注、图例符号都做了统一的规定。

## 5.1.1 图纸幅面、标题栏及会签栏

工程图纸的幅面以整张纸 1189mm × 841mm 为 0 号图幅，1 号图幅是 0 号图幅的对裁，2 号图幅是 1 号图幅的对裁，其余以此类推，如表 5-2 和图 5-1 所示。

表 5-2　图纸幅面规格

| 尺寸代号 | 幅面代号 | | | | |
|---|---|---|---|---|---|
| | A4 | A0 | A1 | A2 | A3 |
| $b \times l$ | 841×1189 | 594×841 | 420×594 | 297×420 | 210×297 |
| $c$ | 10 | | | 5 | |
| $a$ | 25 | | | | |

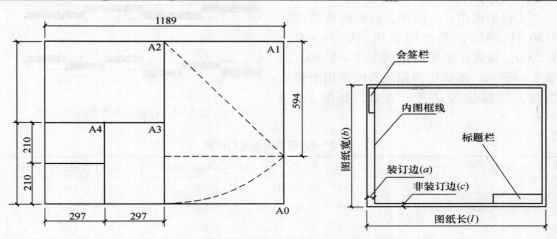

图 5-1　图纸幅面、标题栏、会签栏

以图纸版面的短边作垂直边称为横式排版，以短边作水平边称为竖式排版。每张图纸都应有标题栏和会签栏。标题栏中注明图纸名称、设计单位、设计者、项目负责人、日期及图号。其位置定于图纸的右下角，但是 A4 图幅的标题栏位于图纸下方。会签栏是设计师、监理人员与工程主持人会审图纸签字用的栏目，放在图纸的左上角。小型工程往往合并在标题栏中标注。

## 5.1.2 图线

工程制图要求图中线条粗细均匀、光滑整洁、交接清楚。严格的线条绘制是准确表达设

计意图的前提，在图纸上不同粗细、不同类型的线型代表不同的意义。根据表达内容，制图的图线应符合图 5 – 2 所示图线的规定。

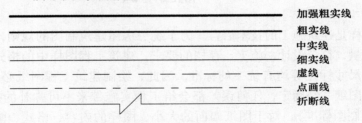

图 5 – 2　图线的类型

工程图中图样绘制的比例常有不同，为了清楚表现图样，绘制时应选用不同粗细的线宽组。表 5 – 3 中所示 $b$ 为图线的宽度，线宽组其余宽度可根据图样的比例和复杂程度选用。

表 5 – 3　线宽组

| 线宽比 | 线宽组（mm） | | | | | |
|---|---|---|---|---|---|---|
| $b$ | 2.0 | 1.4 | 1.0 | 0.7 | 0.5 | 0.35 |
| $0.5b$ | 1.0 | 0.7 | 0.5 | 0.35 | 0.25 | 0.18 |
| $0.25b$ | 0.5 | 0.35 | 0.25 | 0.18 | — | — |

### 5.1.3　比例

工程平面图、立面图、剖面图常用比例 1 : 50 ~ 1 : 200，总平面图常用比例 1 : 400 ~ 1 : 2000，局部详图常用比例 1 : 1 ~ 1 : 30，如表 5 – 4 所示。图面比例标注有时采用图形的方法，显得比较活泼、直观，如图 5 – 3 所示。

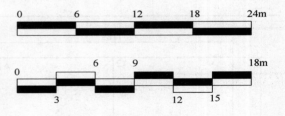

图 5 – 3　比例尺的图形表示

表 5 – 4　建筑图纸常用比例

| 图样名称 | 比例尺 | 代表实物长度（m） | 图面上线段长度（mm） |
|---|---|---|---|
| 总平面图或地段图 | 1 : 1000 | 100 | 100 |
| | 1 : 2000 | 500 | 250 |
| | 1 : 5000 | 2000 | 400 |
| 平面、立面、剖面图 | 1 : 50 | 10 | 200 |
| | 1 : 100 | 20 | 200 |
| | 1 : 200 | 40 | 200 |

### 5.1.4　尺寸标注

图纸中物体的实际尺寸应用准确的尺寸数字标明。尺寸标注由尺寸界线、尺寸线、尺寸起止符号、尺寸数字四部分组成，如图 5 – 4 所示。根据国际惯例，各种设计图上标注的尺寸，除标高及总平面图以米（m）为单位，其余一律以毫米（mm）为单位。因此设计图纸上的尺寸数字都不再注写单位。

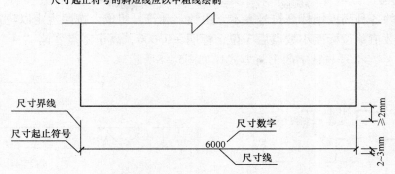

尺寸的组成　尺寸线及尺寸界线应以细实线绘制

尺寸起止符号的斜短线应以中粗线绘制

尺寸界线

尺寸起止符号

尺寸数字

6000

尺寸线

≥2mm

2~3mm

尺寸单位　标高及总平面单位为m，其他尺寸单位必须为mm

图 5 - 4　尺寸的组成

尺寸界线与被标注长度垂直，尺寸线则平行于被标注长度，两端与尺寸界线相交画出点圆状或 45°顺时针倾斜的短斜线。任何图形的轮廓线均不得用作尺寸线。尺寸数字书写在尺寸线上正中，如果尺寸线过窄可写在尺寸线下方或引出标注，如图 5 - 5 所示。按照制图标准分段的局部尺寸线在内侧，总长度的尺寸线在外侧，形成 2 层或 3 层的标注。

尺寸数字宜注写在尺寸线读数上方的中部，相邻的尺寸数字如注写位置不够，可错开或引出注写

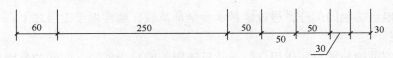

图 5 - 5　尺寸数字的标注

## 5.1.5　指北针

指北针是用于表示图纸方位的符号，指北针的形状与尺寸如图 5 - 6 所示，一般按照上北下南安排。建筑设计平面图一般采用主入口朝下的方法，其指北针所示方位可能会出现变化。

## 5.1.6　剖切符号

为了全面、清楚地表现设计对象，应适当对其进行剖切，通过剖面图深入了解建筑的内部结构、分层情况、各层高度、地面和楼面的构造等内容。剖切符号位于平面图中剖切物两端各标一个，由符号和编号共同表示，立面图中以相对应的编号绘出剖切立面。剖切符号由相互垂直的短粗实线表示，符号为 ⌐ ⌐，其中长线表示剖切面的位置，与剖切对象垂直，长度为 6 ~ 10mm，短线表示观看的方向，长度为 4 ~ 6mm。如果建筑物比较复杂，剖切线可在建筑物内部空间进行 90°角

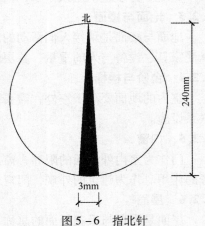

图 5 - 6　指北针

的转折，凡转角部位要标出转角线如图5-7所示。

### 5.1.7 标高符号

建筑内部的各种高度用标高符号表示，由数字和符号组成。按照规定以建筑首层地面为零点，以米为数值单位标注小数点后3位，标明±0.000，高于零点省略"+"号，低于零点前加"-"号，符号与数字的书写方式详如图5-8所示。

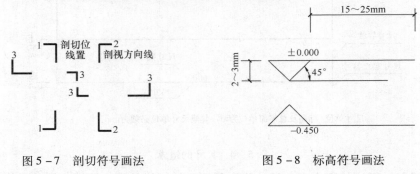

图5-7 剖切符号画法　　　　　　图5-8 标高符号画法

## 5.2 建筑的构造组成

一幢建筑物由基础、墙与柱、地面与楼面、台阶与楼梯、门窗、屋面6个部分组成，如图5-9所示。

### 5.2.1 基础

建筑物与地层接触的部分，通过地基承受全部荷载，通常埋于土层之下。

### 5.2.2 墙与柱

墙与柱起到围护与承重的作用。位于建筑四周的墙称为外墙，两端的外墙称为山墙。外墙起到承重以及防风、雨、雪的侵袭和保温、隔热的作用。位于建筑内部的墙称内墙，起承重以及分隔房屋空间的作用。以砖墙为例，普通外墙根据其厚度称为三七墙，即方砖一长加一宽组合，连同抹灰厚约370mm。同理内墙称为二四墙，即一砖横竖错位组合，连同抹灰厚约240mm。如果墙体直接承受上部荷载并向下传递，称为承重墙，反之则为非承重墙或半承重墙。为了组织屋顶排水，向上探起或向外挑出的墙体部分称为女儿墙。

### 5.2.3 地面与楼面

地面与楼面是承接人们活动的载体。多层建筑的各层楼面起到水平分隔空间的作用，并承受家具、设备与人的重量，首层地面同时还应有防湿隔潮的作用。

### 5.2.4 台阶与楼梯

室内的地面要高于室外，需要台阶形成过渡联系空间。楼梯是建筑层与层间的垂直交通联系设施。

### 5.2.5 门窗

门作为室内外流通的限界，窗用于采光与通风。同时它们有阻止风、雨、雪的侵蚀与隔音的作用。作为建筑的外观，门窗还有立面造型的功能。

### 5.2.6 屋面

屋面是屋顶与天花板面的总称，由承重层、保温隔热层、防水层等组成。

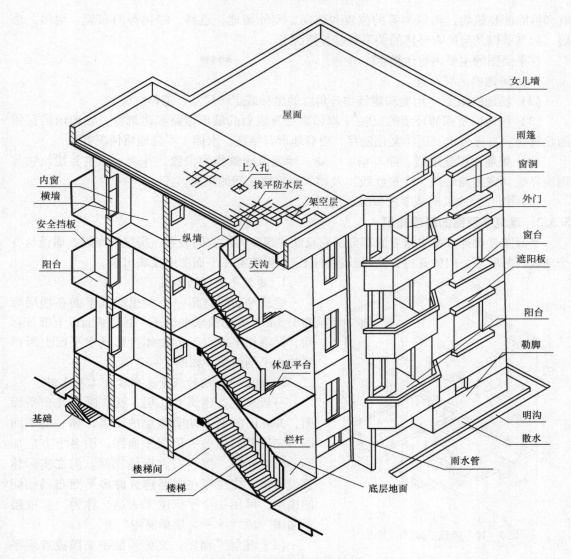

图 5 - 9　建筑的构造组成

一栋完整的建筑除以上六大组要部分外，还有阳台、雨篷、遮阳板；屋面有天沟、雨水管、散水、明沟等排水设施；屋外墙体下方有凸起的保护层"勒脚"，室内墙体下方有保护墙面的"踢脚"；楼梯有安全护栏等构件。

## 5.3　工程图纸的基础知识

工程图纸是设计方案的技术语言，是创作构思、初步设计、方案交流的手段，设计师借助不同的图纸，在平面二维空间表现立体空间的三维形态，并将方案布局、形状、大小、内部结构、细节处理等详尽准确地表达出来。

### 5.3.1　建筑总平面图的基础知识

建筑总平面图是表明新建建筑所在基地有关范围内的总体布置，它反映新建、拟建、原有和拆除的建筑物、构筑物等的位置和朝向，室外场地、道路、绿化等的布置，地形、地貌、标高等以及与原有环境的关系和临界情况等。

总平面图的主要内容包括：

（1）场地的区域布置。

（2）场地的范围（用地和建筑物各角度的坐标或定位尺寸、道路红线）。

（3）场地内及四邻环境的反映（四邻原有及规划的城市道路和建筑物，场地内需保留的建筑物、古树名木、历史文化遗存、现有地形与标高、水体、不良地质情况等）。

（4）场地内拟建道路、停车场、广场、绿地及建筑物的位置，并表示出主要建筑物与用地界线（或道路红线、建筑红线）及相邻建筑物之间的距离。

（5）指北针或风向频率玫瑰图、比例尺。

### 5.3.2 建筑平面图的基础知识

平面图是设计方案中重要的部分，它反映建筑室内的空间关系。房屋的布局、通道与各个功能区的联系、门的开启方向以及各种固定的设施都在平面图中反映出来。

**1. 建筑平面图的形成**

建筑平面图是用一个假想的水平面在楼层标高 1.5m 处将建筑水平切开，剖切平面以上部分移除，把剖切平面以下的物体投影到水平面上所得到的水平剖面图，如图 5－10 所示。

**2. 建筑平面图的数量、内容分工及比例**

一般来说，建筑有几层，就应画出几个平面图，并在图的下方注明该层的图名，如一层平面图、二层平面图……顶层平面图，图名下方应加画一条粗实线，图名右方标注比例。但在实际建筑设计中，往往存在多层建筑许多平面布局相同的楼层，可用一个平面图来表达，称为"标准层平面图"或"×—×层平面图"。

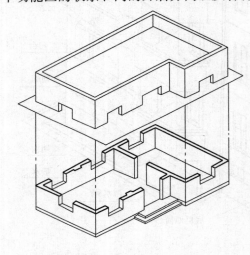

图 5－10　建筑平面图的形成

（1）底层平面图：又称一层平面图或首层平面图，是指 ±0.000 地坪所在楼层的平面图。其中表示该层的内部形状，还画出室外的台阶（坡道）、花池、铺地等的形状和位置，以及剖面的剖切符号，以便与剖面图对照查阅。底层平面图上应标注指北针，其他层平面图上可以不再标出，图 5－11 所示为绘制详细尺寸标注的建筑平面图，图 5－12 所示为添加详细外环境的建筑平面图。

（2）标准层平面图：除表示本层室内空间布局外，还需画出下一层平面无法绘出的雨篷、阳台等内容，而对于下层平面图中已表达清楚的如台阶、花池等内容就不再画出。

（3）顶层平面图：顶层平面图也可用相应的楼层数命名，其图示内容与标准层平面图的内容基本相同。

（4）屋顶平面图：屋顶平面图是指在高处向下俯视所见的建筑顶部图示，主要用来表达屋顶形式、排水方式及其他设施的图样。

**3. 建筑平面图的主要内容**

（1）平面的总尺寸、开间、进深尺寸或柱网尺寸。平面图中一般标注三道外部尺寸。

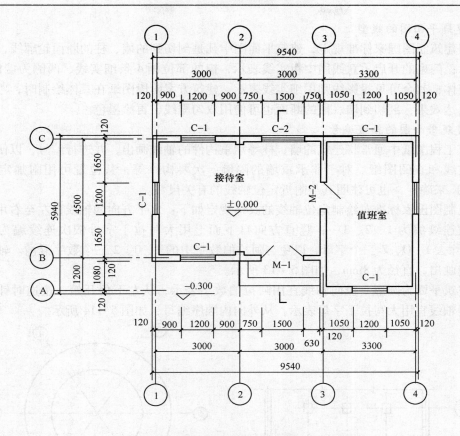

图 5 – 11　绘制详细尺寸标注的底层平面图

最外面的一道尺寸为建筑物的总长和总宽，表示外轮廓的总尺寸，又称外包尺寸；中间一道为各房间的开间及进深尺寸，表示轴线间的距离，称为轴线尺寸；里面一道为门窗洞口、窗间墙、墙厚等尺寸，表示各细部的位置及大小，称为细部尺寸。

（2）各主要使用空间的名称。

（3）结构受力体系中的柱网、承重墙位置。

（4）室外台阶、花池、铺地等的形状和位置。

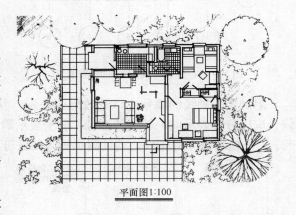

平面图1:100

图 5 – 12　绘制详细外环境的底层平面图

（5）各层地面标高、屋面标高，一层地面标高定为 ±0.000。

（6）底层平面图应标明剖切线位置和编号，并应标出指北针。

（7）必要时，绘制主要用房的放大平面和室内布置。

（8）图纸名称、比例或比例尺。

**4. 建筑平面图的线型**

按照建筑制图国家标准规定，建筑平面图中凡是剖切到的墙、柱的断面轮廓线，宜用粗实线表示；门扇的开启示意线用中粗实线表示，窗的部位画4条细实线，两侧为墙体看线，中间是窗体；其余可见投影线则用细实线表示。建筑方案阶段图纸在具体绘制时，考虑图纸比例和表达效果，剖切到墙、柱的断面也可使用双勾墨线，再涂墨色。

**5. 建筑平面图的轴线编号**

建筑工程图纸中通常将建筑的墙、柱等承重构件的轴线画出，并进行编号，以便于施工时定位放线和查阅图纸。对于非承重墙的隔墙、次要构件等，其位置可用附加定位轴线（分轴线）来确定，也可注明其与附近定位轴线的有关尺寸。

建筑制图国家标准对绘制定位轴线的具体规定如下：水平方向的轴线自左至右用阿拉伯数字依次连续编为 1、2、3…；竖直方向自下而上用大写拉丁字母依次连续编为 A、B、C…，并除去 I、O、Z 三个字母，以免与阿拉伯数字中的 1、0、2 三个数字混淆。轴线线圈用细实线画出，直径为 8mm，如图 5-13 所示。

如建筑平面为圆形，径向轴线宜用阿拉伯数字表示，从左下角开始，按逆时针顺序编写；圆周轴线宜用大写拉丁字母表示，从外向内顺序编写，如图 5-14 所示。

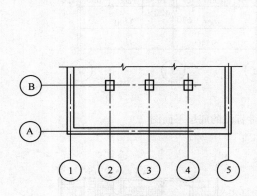

图 5-13 建筑平面定位轴线的编号

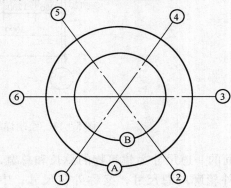

图 5-14 圆形平面定位轴线的编号

附加定位轴线的编号应以分数形式表示，并应按下列规定编写：两根轴线间的附加轴线，应以分母表示前一轴线的编号，分子表示附加轴线的编号，编号宜用阿拉伯数字顺序编写；1 号轴线或 A 号轴线之前的附加轴线的分母应以 01 或 0A 表示，如图 5-15 所示。

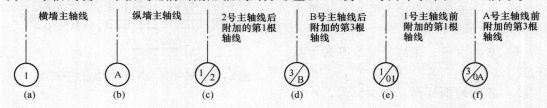

图 5-15 主轴线与附加轴线的表示方法

### 5.3.3 建筑立面图的基础知识

建筑的立面图主要用来表达建筑的外部造型、门窗位置及形式、外墙面装修、阳台及雨篷等部分的材料和做法等。

**1. 建筑立面图的形成**

立面图是用正投影法将建筑各个墙面进行投影，所得到的正投影图，如图 5-16 所示。

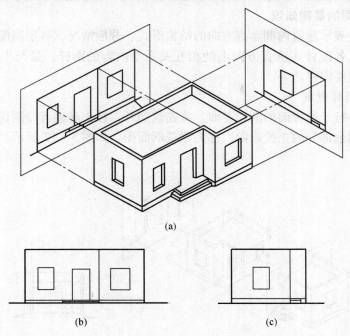

(a)

(b)　　　　　　　　　　　　　(c)

图 5-16　建筑立面图的形成
(a) 立面图的形成；(b) 正立面图；(c) 侧立面图

**2. 立面图的数量、内容分工及比例**

立面图的数量是根据建筑各立面的形状和墙面的装修要求决定的。当建筑各立面造型不同、墙面装修不同时，就需要画出所有立面图。建筑方案阶段图纸绘制时，可根据建筑造型的特点，选择绘制一到两个有代表性的立面。

建筑立面图的比例与平面图要保持一致，常用 1:50、1:100、1:200 的比例绘制。

建筑立面图的图名，常用以下三种方式：

(1) 以建筑墙面的特征命名：常把建筑主要入口处所在墙面的立面图称为正立面图，其余几个立面相应的称为背立面图，左、右侧立面图。

(2) 以建筑墙面的朝向命名：如东立面图、西立面图、南立面图、北立面图。

(3) 以建筑外墙两端定位轴线编号命名，如①~⑧立面图。

**3. 立面图的主要内容**

(1) 表明建筑物的立面形式和外貌，外墙面装饰做法和分格。

(2) 反映立面上门窗的布置、外形。

(3) 标注各主要部位和最高点的标高或主体建筑的总高度。

(4) 当与相邻建筑（或原有建筑）有直接关系时，应绘制相邻或原有建筑的局部立面图。

(5) 图纸名称、比例或比例尺。

**4. 立面图的线型**

为使立面图外形更清晰、有层次，通常用粗实线表示立面图的最外轮廓线，而凸出墙面的雨篷、阳台、柱子、窗台、台阶、花池等投影线用中粗线画出,地平线用加粗线(粗于标准粗度的 1.4 倍)画出,其余如门、窗及墙面分格线、尺寸标注等用细实线画出。

#### 5.3.4 建筑剖面图的基础知识

建筑剖面图是表示建筑内部垂直方向的结构形式、分层情况、各层高度、建筑总高、楼面及地面构造以及各配件在垂直方向上的相互关系等内容的图样,是与平、立面图相互配合、不可缺少的重要图样之一。

**1. 建筑剖面图的形成**

假想用一个平行于投影面的剖切平面,将建筑剖开,移去观察者与剖切平面之间的建筑部分,作出建筑剩余部分的正投影图,称为建筑剖面图,如图 5 - 17 所示。

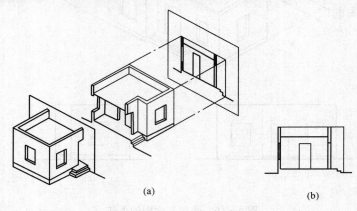

(a) (b)

图 5 - 17 剖面图的形成
(a) 剖面图的形成;(b) 剖面图

**2. 剖面图的数量、内容分工及比例**

剖面图剖切位置的选择,应根据图样的用途或设计深度,在平面图上选择能反映全貌、构造特征以及有代表性的部位剖切。一般宜选择在复杂高差变化的部位进行剖切,如楼梯间、门窗洞口、大厅以及阳台等空间关系比较复杂的部位,尽可能清楚地表述建筑内部的空间变化。

剖面图的数量应根据建筑规模大小或平面形状复杂程度确定,一般规模不大的工程中,房屋的剖面图通常只有一个。

剖面图的比例通常与同一建筑的平面图、立面图的比例一致,即采用 1:50、1:100 和 1:200 绘制。

**3. 剖面图的主要内容**

(1)表示被剖切到的建筑各部位,如各楼层地面、内外墙、屋顶、楼梯、阳台、散水、雨篷等的构造做法。

(2)各层标高及室内外地面标高,室内外地面至建筑檐口(女儿墙)的总高度。

(3)图纸名称、剖面编号、比例或比例尺。

## 5.4 工程图纸的识读

阅读建筑图纸,应按照一定的顺序进行阅读,才能够比较全面而系统地读懂图样。

### 5.4.1　建筑总平面图的识读

（1）阅读标题栏、图名和比例，通过阅读标题栏可以知道工程名称、性质和类型等。

（2）读设计说明和经济技术指标，通过阅读设计说明和经济技术指标可以了解工程规模、用地范围、有关的环境条件等。

（3）了解新建建筑的位置、层数、朝向等。

（4）了解新建建筑的周围环境状况。

（5）了解原有建筑物、构筑物和计划扩建的项目等。

（6）了解其他新建的项目，如道路、绿化等。

（7）了解当地常年主导风向。

### 5.4.2　建筑平面图的识读

（1）读图名、比例。

（2）读图中定位轴线编号及其间距。

（3）识读建筑平面形状和内部墙体的分隔情况。

（4）读平面图的各部分尺寸。

（5）读楼地面标高。

（6）读门窗位置。

（7）读剖面的剖切符号及指北针。

### 5.4.3　建筑立面图的识读

（1）读图名、比例，了解立面图的观察方位，立面图的绘图比例、轴线编号与建筑平面图上的应一致，并对照阅读。

（2）看建筑的造型特点，包括体量、比例、门窗、台阶、外墙装修等。

（3）读立面图中的标高尺寸，了解建筑的总高度和各部位的标高，如室外地坪、室内地面、檐口、屋脊等处的标高。

（4）读建筑外墙表面装修的做法和分格线等，了解建筑各部位外立面的装修做法、材料、色彩等。

（5）看相关的环境，如配景树木、人物、照明等。其中人物是一个重要的参照物，可以反映出建筑的尺度。

### 5.4.4　建筑剖面图的识读

（1）读图名、比例、剖切位置及编号。根据图名与底层平面图对照，确定剖切平面的位置及投影方向，从中了解该图所画出的是建筑哪一部分的投影。

（2）识读建筑内部构造做法、结构形式等，如各层梁板、楼梯、屋面的结构形式、位置及其与墙（柱）的相互关系。

（3）识读建筑各部位标高尺寸。

## 5.5　工程图纸的绘制

### 5.5.1　建筑总平面图的绘制

总平面图中新建建筑部分使用粗实线画出简单的轮廓即可，建筑应表现出阴影。注意平面图与立面图所表现的环境应与总平面图表示一致。

### 5.5.2 建筑平面图的绘制

建筑平面图的绘制,如图 5－18 所示。

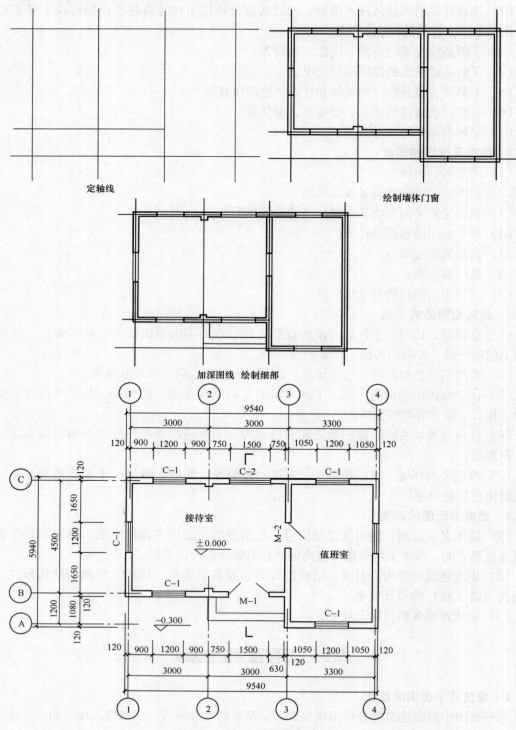

图 5－18 平面图绘制步骤

（1）定轴线：先定横向和纵向的最外部两条轴线，再根据开间和进深尺寸定出其他墙、柱的定位轴线。

（2）以轴线为中心两边扩展画出外墙、内墙的厚度。

（3）确定门洞与窗洞的位置、门的开启方向并将其绘出。

（4）绘出台阶、散水等各种建筑局部。

（5）首层平面中绘制剖切符号，明确剖面图中的剖切位置和剖切方向。

（6）绘出尺寸线、标高符号。检查无误后，按要求加深各种图线，并标注尺寸、书写文字。

（7）根据总平面图绘出适当地段内环境配景等。

### 5.5.3　建筑立面图的绘制

建筑立面图的绘制，如图 5 – 19 所示。

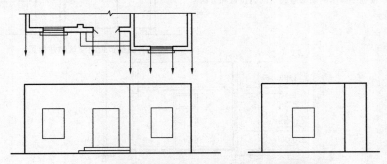

根据平面图确定门窗孔洞位置，绘制建筑轮廓线

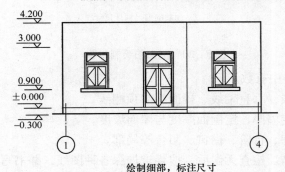

绘制细部，标注尺寸

图 5 – 19　立面图绘制步骤

（1）确定室外地平线、外墙轮廓线、屋脊及屋面檐口线。

（2）根据平面图定出门窗的位置。

（3）绘出各种局部构件的轮廓。

（4）深入刻画形象的细节，如门框、窗框、墙体砖缝、贴面等。

（5）标注尺寸、标高。检查无误后，按要求加深各种图线，并书写文字。

（6）绘制适当的立面配景。

### 5.5.4　建筑剖面图的绘制

建筑剖面图的绘制，如图 5 – 20 所示。

（1）根据平面图中剖切位置与编号，分析所要画的剖面图哪些是剖到的、哪些是未剖

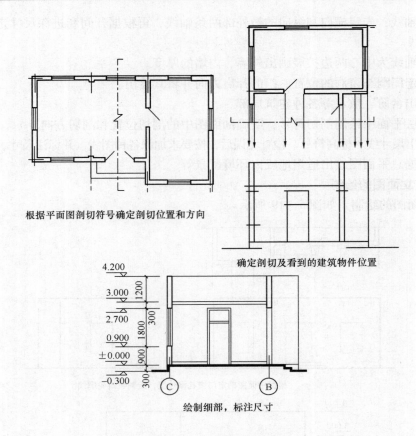

根据平面图剖切符号确定剖切位置和方向

确定剖切及看到的建筑物件位置

绘制细部，标注尺寸

图 5 – 20    剖面图绘制步骤

切但是可看到的，做到心中有数。

（2）确定室外地平线、垂直轴线、楼面线与顶棚线。

（3）根据垂直轴线定墙厚，定屋面厚度与屋面坡度。

（4）确定门窗、楼梯、台阶、檐口、阳台等局部。

（5）标注尺寸、标高。检查无误后，按要求加深各种图线，并书写文字。

（6）绘制适当的立面配景。

# 思 考 题

5 – 1    工程图纸包括哪些内容？

5 – 2    用文字描绘指北针的正确画法？

5 – 3    建筑总平面图的作用是什么？

5 – 4    建筑平面图是怎样形成的？其主要内容有哪些？

5 – 5    建筑平面图中的尺寸标注主要包括哪些内容？

5 – 6    建筑平面图为何要标注三道尺寸线？

5 – 7    建筑立面图的命名规则是什么？

5 – 8    建筑剖面图的主要内容有哪些？

# 实训课程作业

**实训：建筑抄绘（9 学时）**

**1. 实训目的**

学习建筑图纸的阅读方法，了解建筑图纸的基本表现方法。

**2. 作业要求**

内容一：

（1）教师指定抄绘图样；

（2）版面范围内进行构图，确定最佳的版式效果；

（3）以工具墨线的形式完成图纸绘制；

（4）用仿宋字书写说明部分；

**3. 图纸规格**

图幅 594mm×420mm（A2）绘图纸。

**实训范图（图 5–21）**

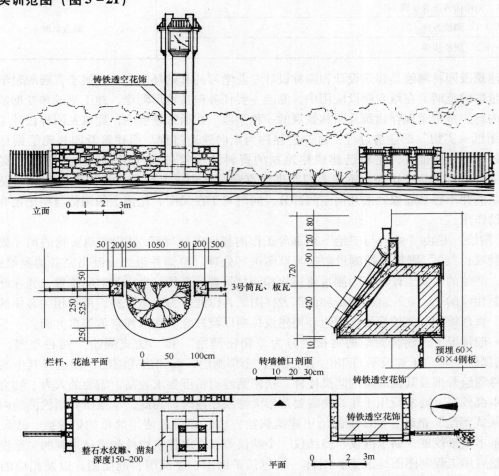

图 5–21　实训范图（摘自《建筑初步新教程》朱德本、朱瑜编著）

# 第6章　建筑及园林测绘

请按表 6 – 1 的教学要求，学习本章的相关教学内容。

表 6 – 1　教学内容和教学要求表

| 教　学　内　容 | 教学要求 |
|---|---|
| 6.1　测绘的意义及目的 | |
| 　6.1.1　建筑测绘的意义 | 了解熟悉 |
| 　6.1.2　建筑测绘的目的 | |
| 6.2　测绘的内容 | 掌握 |
| 6.3　测绘工具 | |
| 　6.3.1　传统测绘工具 | 掌握 |
| 　6.3.2　测绘工具的更新与改进 | |
| 6.4　测绘的方法及步骤 | |
| 　6.4.1　测绘方法 | 重点掌握 |
| 　6.4.2　测绘步骤 | |

建筑及园林测绘是建筑设计和园林设计专业学习的基础环节之一，属于普通测量学与工程测量学的范畴。在城乡建设应用中，测绘主要任务包括地形测绘、施工测设和变形监测三方面内容，是记录现存建筑及园林景观的一种手段。在通常理解中，建筑及园林设计工作是由"图纸 – 实物"的建造过程，这一过程称为正向建造过程。而建筑及园林测绘则是正向建造过程的逆向推导，是对已建成建筑物的资料性反求过程（图 6 – 1）。通过"实物 – 图纸 – 实物"的相互切换，矫正人们对事物直观的认识，尤其是在认识设计和思考设计时被忽略的和不容易想象到的几何空间部分，同时对于在尺度、比例上的调整与纠正也有一定的帮助作用。

"测绘"是由"测"与"绘"两部分工作内容组成。"测"是指实地实物的尺寸数据的观测量取；"绘"则指根据测量数据与草图进行处理、整饰并最终绘制出完备的测绘图纸。因此，测绘的主要工作内容为测量建筑物和园林景观的形状、大小和空间位置，并在此基础上绘制相应的平、立、剖面图纸和细部大样图纸，以此作为原始资料，用于相关客体的研究评估、管理维护、保护规划、周边环境建设控制以及教育、展示和宣传等多方面。

一般情况下，建筑测绘通常被划分为"精密测绘"和"法式测绘"两种类型，其中"精密测绘"将位于建筑不同部位的同类构件全部测绘，而"法式测绘"仅选择其中的代表性构件测绘并推及其他部位的同类构件。精密测绘对精度要求较高，需要的人力、物力、时间成本都较高，通常只用于建筑物需要落架大修或迁建时。因此，本章所介绍的测绘内容属于"法式测绘"范畴，是传统的历史建筑测绘方法，即通过使用简单的铅垂线、皮尺、竹竿或基本测量仪器，如水准仪、经纬仪、全站仪等，获取建筑构件和园林景观的二维投影尺寸，然后用工程制图图样表达，图样一般包括平面图、立面图、剖面图，以及相应的轴测图、透视图、大样图等。

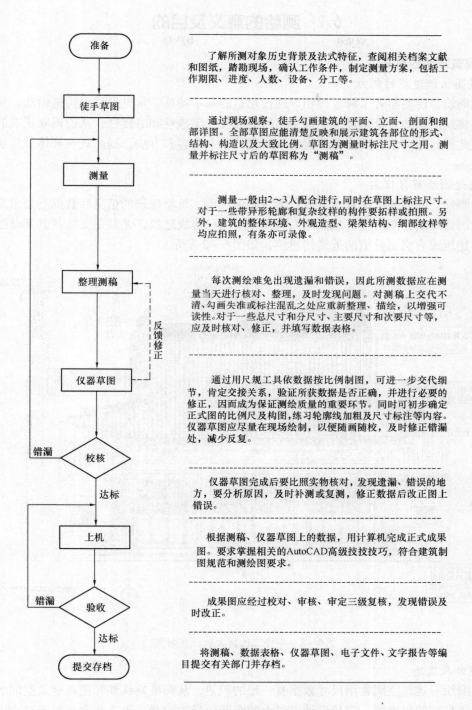

了解所测对象历史背景及法式特征，查阅相关档案文献和图纸，踏勘现场，确认工作条件，制定测量方案，包括工作期限、进度、人数、设备、分工等。

通过现场观察，徒手勾画建筑的平面、立面、剖面和细部详图。全部草图应能清楚反映和展示建筑各部位的形式、结构、构造以及大致比例。草图为测量时标注尺寸之用。测量并标注尺寸后的草图称为"测稿"。

测量一般由2～3人配合进行，同时在草图上标注尺寸。对于一些带异形轮廓和复杂纹样的构件要拓样或拍照。另外，建筑的整体环境、外观造型、梁架结构、细部纹样等均应拍照，有条亦可录像。

每次测绘难免出现遗漏和错误，因此所测数据应在测量当天进行核对、整理，及时发现问题。对测稿上交代不清、勾画失准或标注混乱之处应重新整理、描绘，以增强可读性。对于一些总尺寸和分尺寸、主要尺寸和次要尺寸等，应及时核对、修正，并填写数据表格。

通过用尺规工具依数据按比例制图，可进一步交代细节，肯定交接关系，验证所获数据是否正确，并进行必要的修正，因而成为保证测绘质量的重要环节。同时可初步确定正式图的比例尺及构图，练习轮廓线加粗及尺寸标注等内容。仪器草图应尽量在现场绘制，以便随画随校，及时修正错漏处，减少反复。

仪器草图完成后要比照实物核对，发现遗漏、错误的地方，要分析原因，及时补测或复测，修正数据后改正图上错误。

根据测稿、仪器草图上的数据，用计算机完成正式成果图。要求掌握相关的AutoCAD高级技技巧，符合建筑制图规范和测绘图要求。

成果图应经过校对、审核、审定三级复核，发现错误及时改正。

将测稿、数据表格、仪器草图、电子文件、文字报告等编目提交有关部门并存档。

图 6-1　测绘流程示意图

# 6.1 测绘的意义及目的

## 6.1.1 建筑测绘的意义

### 1. 提高认识建筑的能力

通过测绘，使测绘者了解古代和近现代建筑的基本特征、常见尺寸和构造做法，从感性上加强对建筑的认知，正确理解建筑文化的地域性、民族性和时代性，从而树立正确的建筑创作观。此外，还可培养测绘者掌握建筑研究的基本内容和方法，提高观察和体验建筑的兴趣和水平。

### 2. 通过测绘留存信息

通过测绘，掌握测绘的基本方法，学习如何利用工具将建筑的信息和数据测量出来，并用建筑的语言绘制在图纸上，从而深入研究重要的已建成建筑，尤其是无法找到基础绘图资料的古典建筑或有突出价值的近现代建筑，如图 6 - 2 所示。

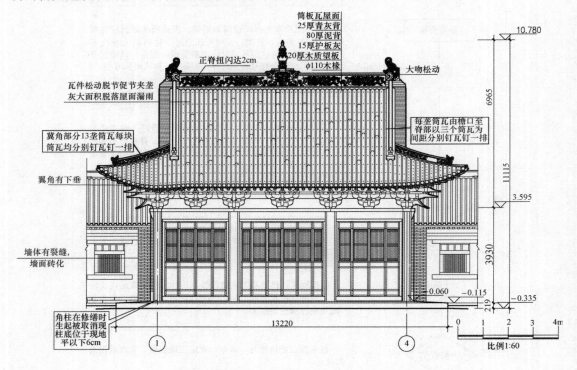

图 6 - 2 中坪二仙宫大殿正立面图

### 3. 建立尺度感

通过测绘对建筑空间常用尺寸数据有一定的积累，从而准确认知和把握建筑空间的尺度概念，建立良好的尺度感，避免设计出过大的空间而导致浪费，也避免空间过于狭小而带来使用不便。

### 4. 提高制图和识图能力

测绘不仅能提高测绘者图样表达能力，也可提高综合运用所学的画法几何、测量学、建筑制图、建筑设计基础、建筑历史、计算机辅助设计等课程知识的技能，按照建筑制图的要求绘制专业图纸。

　　5. 培养团队协作精神

　　一个测绘项目的完成需要多人的配合，在测绘的过程中，相互协作、配合，各司其职，对培养学生的团队精神起到积极作用。

## 6.1.2　建筑测绘的目的

　　1. 初步学习阶段

　　通过对实际建筑的现场调查、测绘，印证、巩固和提高课堂所学理论知识，加深对建筑平面、立面、剖面的认识以及对空间、构造的理解；初步认识建筑内部空间及环境之间的关系。

　　本章所介绍的内容属于此阶段范畴。

　　2. 设计阶段

　　通过测绘，收集资料，用于研究，为以后的设计工作积累经验。

　　3. 执业工作阶段

　　新房建成后完整的测绘，比较实际施工数据与设计之间的误差，分析原因，保存技术资料。

# 6.2　测绘的内容

　　建筑测绘一般包含以下几个方面的内容：

　　1. 总平面图

　　总平面图是研究建筑及园林景观的重要基础图纸，反应建筑物的位置、朝向及其与周围景观环境的关系。总平面图的比例一般为 1∶500，用地规模较大可使用 1∶1000，规模较小可使用 1∶300 的比例。

　　总平面图中应表达的内容包括：用地范围、建筑物位置、面积、层数及设计标高；道路及绿化布置；指北针或风玫瑰图；技术经济指标等。此外，复杂地形还应标明竖向尺寸、建筑物周边自然环境与人工环境以及构筑物信息。

　　总平面图信息详细程度主要根据建筑及园林测绘的目的而定。一般情况下，当测绘主体为单体建筑，总平面图中表达出建筑物周边的基本环境信息即可；当测绘主体为园林景观，总平面图应尽可能比较清晰完整地表达出园林各类详细信息，如图 6-3 所示。

　　2. 建筑平面图

　　建筑平面图中应表达的内容包括：建筑的长宽总尺寸；纵横墙的位置（轴线位置）；门窗位置；房间的形状、位置及交通联系；楼梯的位置；固定设备（如卫生间、设备机房等）；图名、比例尺；剖切位置等。

　　3. 建筑立面图

　　建筑立面图中应表达的内容包括：建筑整体外轮廓，线条划分及造型设计；室内地坪、室外地坪、檐口、屋顶最高点等标高尺寸；门窗的尺寸及位置；墙面材料；女儿墙、勒脚、雨篷等构件。

　　4. 剖面图

　　剖面图中应表达的内容包括：墙体、地面、楼面、门窗、屋顶、梁柱等的位置及其交接

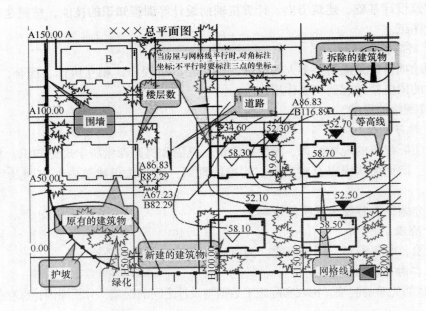

图 6-3 总平面测绘图

关系；尺寸包括高度尺寸（以 mm 为单位），标高尺寸（以室内地坪为 ±0.000），宽度（或深度）尺寸；图名，比例尺等。

建筑平面图、立面图、剖面图的形成原理及表示内容如图 6-4 所示。

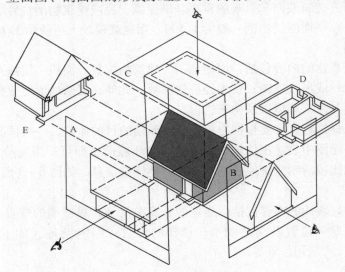

图 6-4 建筑各面的形成

**5. 大样图及构造详图**

大样图及构造详图表达的内容包括：建筑物关键及常见部位的构造做法、尺寸、构配件相互关系和建筑材料等。一般中小型建筑中常用节点大样图有雨篷、坡道、散水、女儿墙、变形缝、檐口、楼梯、栏杆扶手、窗台、天沟大样图等。比例通常为 1:20 或 1:10。

# 6.3 测绘工具

### 6.3.1 传统测绘工具

测绘一般使用传统常见的工具和仪器，大致分为测量工具、辅助工具及设备、绘图工具等，具体工作中酌情选用。

1. 测量工具

1）测量距离的工具

测量距离时，通常根据所测物体的尺寸大小，可选用的工具有：30m 钢卷尺、3m 或 5m 钢卷尺、30cm 或 50cm 钢直尺、钢角尺、卡尺等，如图 6-5 所示。

2）确定垂直度与水平度的辅助工具

在测量建筑物及其构件的垂直度或水平度时，可选用垂球、细线和水平尺等工具加以精确测量，如图 6-6 和图 6-7 所示。

图 6-5 钢卷尺

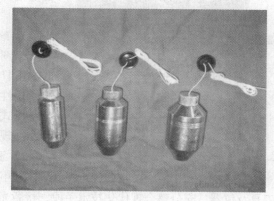

图 6-6 垂球

3）测量方位的工具

在确定建筑物位置及其用地位置时，可使用指北针精确定位，如图 6-8，使用时应注意现场铁质物体干扰。

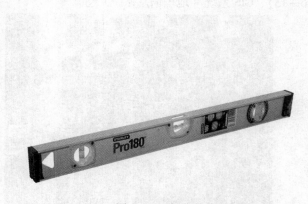

图 6-7 水平尺

图 6-8 指北针

**2. 辅助工具及设备**

在测绘作业过程中，一般还需选用相应的辅助工具及设备，为测绘工作"保驾护航"。常见的辅助工具及设备包括：

1）摄影工具

通常选用数码照相机拍摄现场照片，为后期资料收集和复核提供直观的依据和考证。

2）登高工具

建筑物通常尺度较大，很多部位超出正常人体身高可及的范围。因此，在必要时应使用梯子、脚手架等登高辅助工具，为测量建筑较高部位提供安全稳固的工作平台。

3）拓印工具

在一些古建筑测绘中，可选用复写纸和宣纸等，拓印某些构件的纹饰、题字、花纹等。

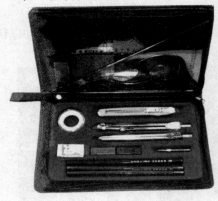

图6-9　绘图工具

4）安全设备

根据所测主体的难易程度及危险程度，合理选用安全帽、保险绳、保险带等安全装备，充分确保人身安全。

**3. 绘图工具**

绘图工具是指在现场绘制测绘草图及标注测量数据的工具。因此，在工具选择时，应保证所选用工具的便携性、易用性、适用性。常用的现场绘图工具包括便携式绘图板、坐标纸、草图纸、各色绘图笔、直尺、圆规、三角板等，如图6-9所示。

**6.3.2　测绘工具的更新与改进**

近年来测绘工具的更新与改进越来越广泛。一些测量工具及仪器，充分整合现代化技术手段，将激光、超声波、数字化技术等应用于传统的测绘工作中，大大减轻了测绘工作者的劳动强度，并提高了测量数据的精确性和共享性。仪器测绘目前主要的功能方向为高程、大地信息、立面或三维形体测绘以及变形测绘等。其最大的优点在于能够真实地反映测量对象的现状形态，在大体量建筑、立面、装饰性构件的测绘中具有优势。现阶段常用的现代测量仪器有手持激光测距仪（图6-10）、电子全站仪（图6-11）、自动安平激光标线仪（图6-12）、三维激光扫描仪（图6-13）、GIS系统（地理信息系统）等。

图6-10　手持激光测距仪

图6-11　电子全站仪

图 6 – 12　自动安平激光标线仪

图 6 – 13　三维激光扫描仪

# 6.4　测绘的方法及步骤

## 6.4.1　测绘方法

现阶段建筑及园林测绘的主要方法与专业器材设备有关，通常可分为两类：一种是传统手工尺规法，即利用常用测量工具进行的测绘工作，又称"接触式测绘"；另一种是随着测量学学科的发展而出现的仪器测绘法，又称"非接触式测绘"。两者的主要区别在于其测绘成果目的不同。前者是基于应用和资料留存；而后者则是作特定研究方向使用，如对建筑单体、城市街道空间进行模数研究等。本章所介绍内容属于"接触式测绘"的范畴。

## 6.4.2　测绘步骤

建筑及园林测绘应把握以下原则：

（1）先整体后局部。

（2）先内部后外部。

（3）先平面后立面。

其基本步骤可以总结为：

观察对象→勾勒草图→实测对象→记录数据→分析整理→绘制成图，如图 6 – 14 所示。

下面以某学校教学楼为例，详细介绍单体建筑测绘的工作步骤。

1. 前期准备

1）测绘的分工与组织

现场测量和绘图一般以"组"为单位，通常每组 4~6 人，组长负责具体安排每位小组成员的工作内容，控制小组测绘工作的进度，协调平衡小组成员的工作量。其次，组内分工应至少分为以下两个工种：跑尺和记数（兼绘制草图）。

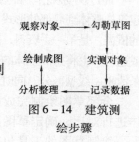

图 6 – 14　建筑测绘步骤

2）熟悉待测主体

无论是单体建筑还是园林景观，在具体着手测绘前踏勘现场是必要的准备条件。通过必要的前期现场踏勘，可以确认测绘的工作范围，了解待测主体的复杂程度，确认测绘时是否能够安全到达所有应该到达的部位，以准备相应的攀爬设备及安全措施等。如针对单体建筑而言，可以了解待测建筑的外观造型、内部空间流线组织及房间构成、构造大样做法及周边环境设施等内容；针对园林景观而言，可以了解待测园林的总平面布局、场地高差、水面及重点景观位置、道路等级划分及树种选择等内容。

待测建筑实景如图 6 - 15 和图 6 - 16 所示。

图 6 - 15　待测建筑实景（一）　　　　　　图 6 - 16　待测建筑实景（二）

3）制定测绘计划

根据待测主体的复杂程度、工作条件、人员配备等因素，综合确定测绘工作的总体时间安排和各个工作环节的进度安排。

2. 测量与绘制草图

1）绘制草图

通过现场观察、目测或步量，徒手勾画出建筑的平面、立面、剖面和细部详图，清楚地表达出建筑从整体到局部的形式、结构、构造节点、构件数量及大致比例。测量草图是日后绘制正式图纸的依据，是第一手资料，因此其准确性和完整度是最终测绘图纸可靠性的根本保证。可以在草图纸或速写本上将待测主体的平面图、立面图等图样逐一绘出，要求比例适中、比例关系基本准确、线条清晰、线型区分。同时，一些必要的细部也要绘出。各图样草图如图 6 - 17 ~ 图 6 - 19 所示。

全部草图绘制完成后，应集中对所有图纸进行一次全面的检查和核对。将草图与待测主体进行对比，确定草图没有遗漏和错误之后，方可进行下一阶段的数据测量工作。

绘制草图的工具包括：速写本或拷贝纸、铅笔、橡皮、画夹或画板等。铅笔宜选择 HB 型号，软硬适中。纸张也可采用有刻度的坐标纸，通常情况，幅面以 A3 为宜，太大会造成外业作业携带不便，太小则会细节表达不清。

2）量取尺寸数据

大部分建筑测绘只需要皮卷尺、钢卷尺、卡尺或软尺就可以测出所有单体建筑的测绘图

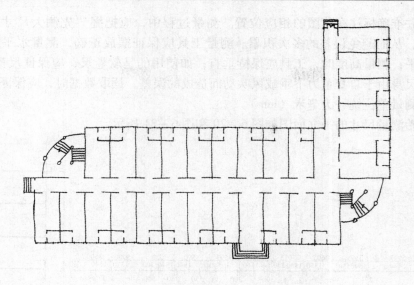

图 6 - 17　平面测绘草图

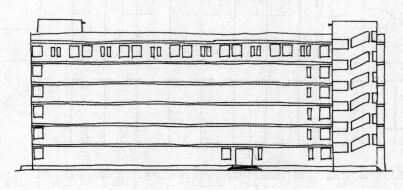

图 6 - 18　立面测绘草图

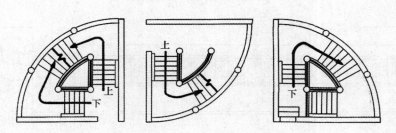

图 6 - 19　楼梯细部测绘草图

样。测绘时最重要的是先确定轴线尺寸，之后单体建筑的一切控制尺寸都应以此为根据。确定轴线尺寸后，再依次确定雨篷、台阶、室内外地面铺装、山墙、门窗等的位置。此外，还可使用激光测距仪，其优点是数据准确，使用方便，并且能测到一些因条件限制而人无法站立和抵达的点的距离。

测量工作过程中，量取数据和在草图上标注数据需要分工完成，将各图样所需要的数据同时测出，并准确标注在草图的相应位置。测量过程中，应把握"先测大尺寸，再测小尺寸"的原则，从而避免误差的多次积累。测量工具应保证摆放正确，测量水平距离时，工具应保持水平；测量高度时，工具应保持垂直；如使用的是软卷尺，应保证尺身充分拉直，并尽量克服尺身由于自身重力下垂或风吹动而造成的误差。读取数据时，应保证视线与刻度保持垂直。测量单位统一为毫米（mm）。

标注原始测量尺寸的平立面图如图 6-20 和图 6-21 所示。

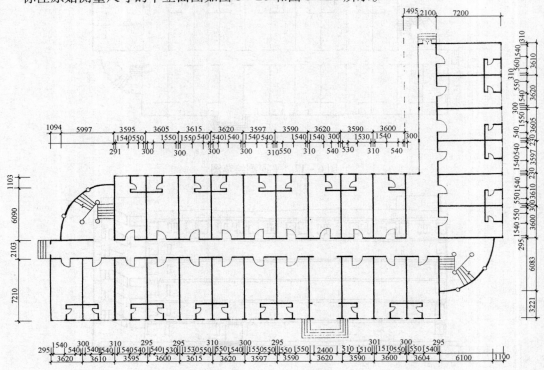

图 6-20　平面尺寸测绘图

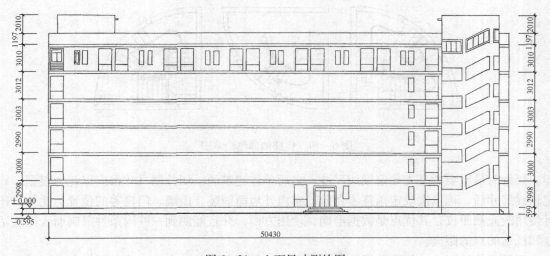

图 6-21　立面尺寸测绘图

94

3）尺寸调整

一般情况下，在完成测量相关数据后，应通过如下几个方面对数据进行核算和处理。

（1）尺寸是否符合建筑模数。建筑施工时所依据的图纸尺寸一般是符合建筑模数的，但由于误差及粉刷层等原因，所测得的尺寸往往与理想数值有一定误差。这就需要对测量所得的尺寸进行处理和调整，使之符合建筑模数标准。调整原则是尺寸就近取整，如测得实际尺寸为1824mm，则该尺寸应被调整记录为1800mm。

（2）尺寸是否前后矛盾。应复核各细部尺寸之和是否与轴线尺寸相符；各轴线尺寸之和是否与总轴线尺寸相符。如不相等或误差过大，应检查误差出处，必要时相关数据应重测。

（3）有无漏测尺寸。检查各部位有无漏测尺寸（尤其是关键尺寸），一旦发现，应补测，或通过其他相关数据推算得出。

尺寸调整后的平立面图如图6-22和图6-23所示。

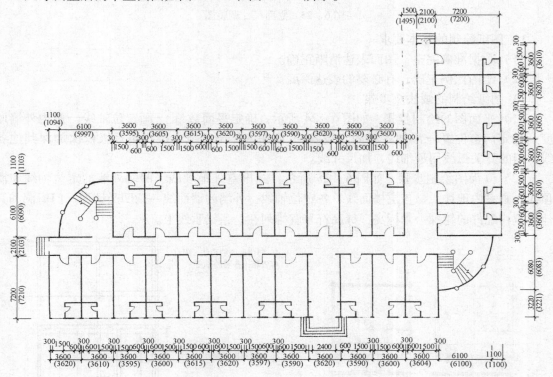

图6-22　平面尺寸调整图

3. 测稿整理与正图绘制

图纸是测绘工作的最终成果和体现，通过绘制图纸可以加深对工程制图规范及要求的掌握，并可进一步理解二维图纸与三维建筑空间的对应关系。

测量外业工作完成之后，即进入后期资料整理与正式测绘图纸绘制阶段。本阶段应将记录有测量数据的测稿草图整理成为具有合适比例、线条准确清晰的工具草图，作为绘制正式草图的底稿。最后进入测绘工作的最后一个阶段——正图绘制阶段，作为最终的测绘结果。

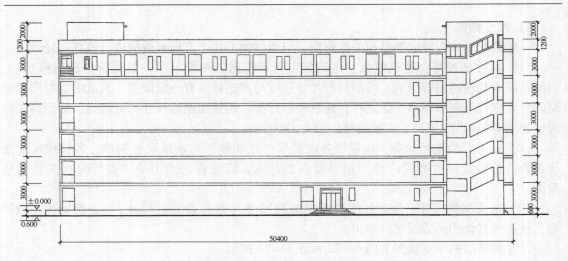

图 6 - 23　立面尺寸调整图

1）图纸绘制的基本要求

（1）数据准确完整，图面表达清晰正确。

（2）绘图比例正确，有必要的表达深度。

2）图纸绘制的画法及步骤

（1）平面图的绘制步骤，如图 6 - 24 所示：确定平面数量 →画定位轴线→画内外墙厚度→确定门窗位置→添加各种固定设备→ 加深墙体剖断线，按线条等级依次加深其他各线，门的开关弧线用最细线，加尺寸线。

（2）立面图绘制步骤，如图 6 - 25 所示：画出室外地坪线、两端外墙的定位轴线和墙顶线→画室内地坪线、各层楼面线、各定位轴线、外墙的墙面线→画凹凸墙面、门窗洞和其他建筑构配件的轮廓→画标高，标高符号宜排列在一条铅垂线上。

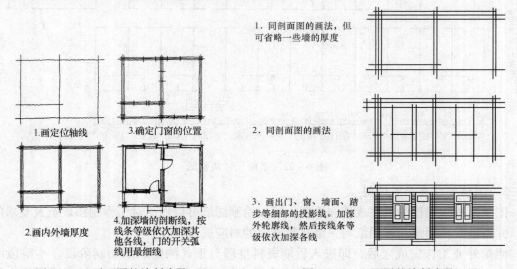

图 6 - 24　平面图的绘制步骤　　　　图 6 - 25　立面图的绘制步骤

（3）剖面图绘制，如图 6 - 26 所示：确定剖切位置与剖视方向 →绘制地面→墙体（柱子）→楼板厚度及屋面→门窗→画剖切到的细部→画看到的细部→ 画标高、局部尺寸。

3）配景的绘制

对于设计类专业的测绘图纸而言，在满足基本的工程制图规范要求之余，可以对图面进行一定的美化和润饰，如增加一些配景树木等景观元素，以增强图面的丰富程度与表现效果，如图 6－27 所示。

（1）平面配景的绘制。在建筑一层平面图或总平面图中，可增加相应的平面配景，如平面树、地面铺装、绿地等。绘制原则应明确配景是烘托主体建筑的要素，形式造型尽量简洁，避免喧宾夺主；不同类型的树种可以同时使用，但不宜选择过多的类型。通过地面质感阴影变化产生的明暗对比关系，以突出树的边界。平面树的画法与样式，如图 6－28 所示。

（2）立面配景的绘制。立面配景包括树木、人物、家具、交通工具等，一般在建筑立面或剖面测绘图中使用。立面树的表达方式有很多种，可采用树枝、外轮廓、明暗面等表达手法，立面树的画法与样式如图 6－29 所示。

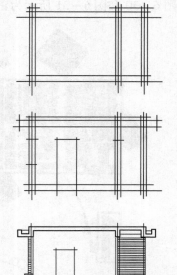

1.画室内外地平线，墙体的结构中心线。内外墙厚度及屋面构造厚度

2.画出门窗洞高度，出檐宽度及厚度，室内墙面上门的投影轮廓

3.画出剖面部分轮廓线和各投影线，如门洞、墙面、踢脚线等，并加深剖断轮廓线，然后按线条等级依次加深各线

图 6－26 剖面图的绘制步骤

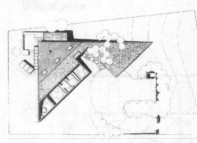

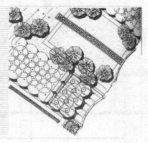

图 6－27 测绘图中的配景表现

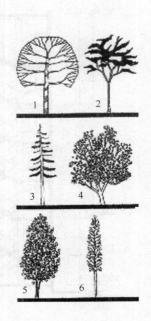

图 6－29 立面树的常见画法与样式

图 6－28 平面树的常见画法与样式

97

图 6–30 和图 6–31 所示为正式测绘图纸样例。

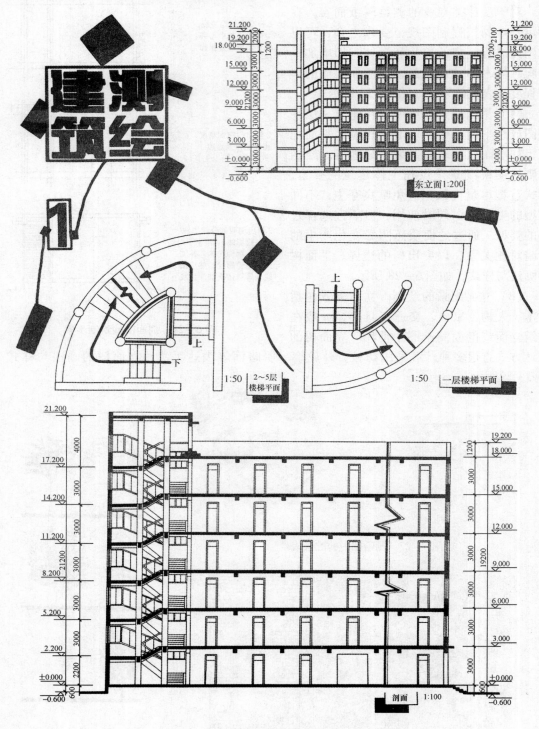

图 6–30  测绘成果（一）

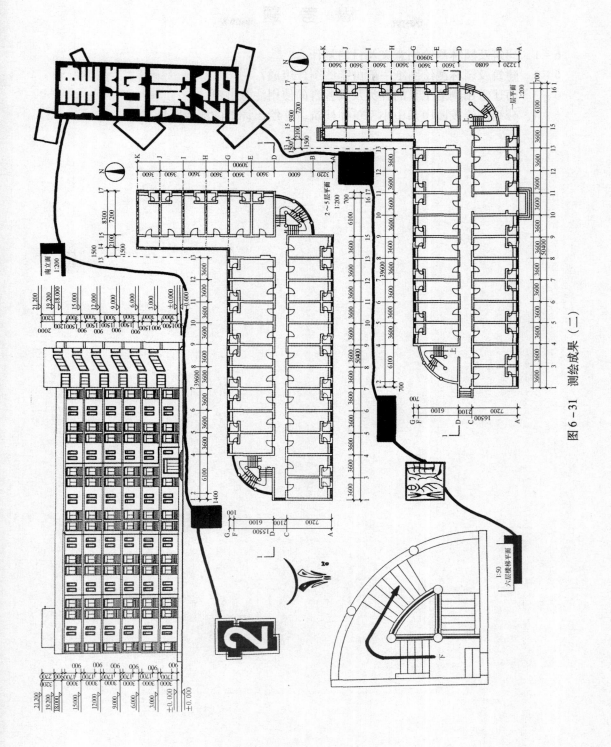

图 6 - 31　测绘成果（二）

# 思 考 题

6-1 建筑及园林测绘的意义及目的是什么？

6-2 建筑及园林测绘图纸一般由哪些图样组成？

6-3 简述常用测绘工具的种类及其各自的使用注意事项。

6-4 分组测绘校园中某中小型单体建筑，并绘出详细的测绘图纸。

# 第7章　建筑模型制作

请按表7-1的教学要求，学习本章的相关教学内容。

表7-1　教学内容和教学要求表

| 教学内容 | 教学要求 |
| --- | --- |
| 7.1　建筑模型制作的历史及意义 | 了解<br>熟悉 |
| 7.1.1　建筑模型制作的历史 | |
| 7.1.2　建筑模型制作的意义 | |
| 7.2　制作建筑模型的工具和材料 | 了解<br>熟悉 |
| 7.2.1　工具 | |
| 7.2.2　材料 | |
| 7.3　建筑设计的模型工作方式 | 掌握 |
| 7.3.1　地形模型 | |
| 7.3.2　建筑模型 | |
| 7.3.3　室内模型 | |
| 7.3.4　表现模型尺度和气氛的配件 | |
| 7.4　设计过程与模型制作方法举例 | 重点<br>掌握 |
| 7.4.1　需要思考和注意的问题 | |
| 7.4.2　别墅设计与模型制作 | |
| 7.4.3　集合住宅设计与模型制作 | |
| 7.4.4　小型公共建筑设计与模型制作 | |

　　模型一直是建筑设计从业人员的一种分析问题、交流意图、启发创作思维以及表达设计成果的有力工具。模型以建构的元素——体块、片板、支柱将我们的空间想象呈现出第一次具体的、现实的转化。

## 7.1　建筑模型制作的历史及意义

### 7.1.1　建筑模型制作的历史

　　自欧洲古典时代起就有用模型作为工具分析建筑空间的尝试，只是鉴于当时的技术水平有限，大体量的建筑物用等比放大制作模型的方式难以被实施。建筑构件中古典柱式的柱头大量重复使用且需要较高的精确性，设计师通常先制作一个比例尺度准确的原型实物模型，工匠们再用工具测量的方式复制大量的重复性构件。这种方法一直延续到中世纪，并且在建筑空间与造型的发展中广泛应用。欧洲中世纪哥特时代末期，出现了专门用于研究设计效果的建筑局部模型——纸样模型，用于表示拱肋的形式。设计师通过调整纸样模型来模拟预想的空间结构。到了文艺复兴时期，设计师们为了追求建筑造型多样化，通常利用实验性的建筑模型进行推敲，有时还使用实际的建筑材料做成模型进行推敲。因此最早的建筑模型大约出现在 14 世纪中期，制作建筑模型辅助设计的方法也在之后的日子里不断发展完善。到了 20 世纪，包豪斯学校的工作室教学非常强调动手操作，从工业产品设计到建筑设计都需要制作大量的实体模型。之后很多欧美现代建筑专业院校争相效仿，奠定了良好的使用建筑模型辅助设计思维的教学基础，对培养设计师的空间设计思维能力有很大的帮助。

在我国，建筑模型最早是在军事上供研究地形、敌情、作战方案和实施训练时使用。在民用行业，正式建造房屋以前，先做建筑模型以供审定的做法也有悠久历史。公元七世纪初，人们已经开始使用百分之一比例尺的图样和木制模型作为建筑设计的辅助手段。令人遗憾的是早期建筑模型保存至今的为数并不多，现在能见到的只是清代"样式雷"所做的"烫样"和晚些时期的建筑模型。

### 7.1.2 建筑模型制作的意义

初学建筑设计的学生经常会遇到两个难题，第一是不知如何解读建筑空间，对于空间关系、结构构造、建筑材料以及建筑施工方法，学生不能有效地凭借经验或专业的直觉对一个建成的空间环境做出自己的判断；第二个难题是设计课题的初始阶段，学生对方案中的空间组织、立面尺度、场地布局等问题的思考能力不足。这两个问题都源于初学者头脑中缺乏对空间建构的正确认识。

模型制作是一种极为有效的帮助学生分析空间、构思设计的方法，在模型建造过程，学生将设计形象从二维纸面到三维实体空间转换的建构能力得到提升。图 7-1 所示的模型为墨菲西斯事务所 2008 年承接的埃莫森洛杉矶中心项目的工作模型。在推敲方案的阶段，使用板片和支柱建构出空间剖面，辅助设计者分析、理解建筑的内部空间关系。

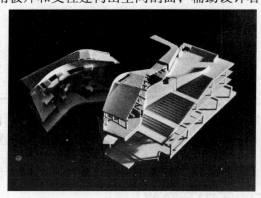

图 7-1 墨菲西斯事务所

尽管今天的计算机技术飞快发展，各种三维软件层出不穷，借助这些软件可以获得虚拟的三维空间而且具备炫丽的表现效果，但是手工实体模型依然有其不可替代的作用，模型的形象空间表达是二维图纸和三维动画等设计表达手段所不能比拟的。随着设计深入，设计师通过不同比例的实体模型对空间结构、连接的构造与材料等问题加以深层次的推敲，对比不同阶段的研究模型，深入进行空间的分析和调整，对于方案设计有非常重要的意义。

模型阶段的讨论和研究可以帮助设计者很好地设想真实情况下的各种潜在的问题以及种种可能存在的结果，使设计意向更加直观，同时在制作模型的过程中，通过"手、眼、心"的共同劳作，也可以获得对于设计方案的再认识，甚至可能激发更好的设计理念，从而最大程度的帮助设计者实现优秀的建筑设计方案。

设计方案汇报时，没有受过专业教育的人们有时不能很好地理解抽象文字和方案的专业图纸，如果用一组尺度严谨、制作精良的设计模型将会给设计方案增光添色，设计师通过对模型各个部分的讲解使自己的设计意图更加直观、易懂。

综上所述，学生从进入设计专业的开始就应养成动手制作模型的习惯，进而在制作模型的具体过程中对设计空间、结构、构造、材料产生新的感悟。

## 7.2 制作建筑模型的工具和材料

模型制作过程中，制作者的手工艺水平和构造节点的设计合理性会直接影响模型效果，同时使用的模型工具和材料同样扮演着极为重要的角色。例如制作者应该掌握要获得坚韧挺拔的效果，应使用哪一种工具对最适宜的材料进行加工制作的方法，哪一种纸板搭配哪一种木材或金属是让人愉悦的材料组合等。

### 7.2.1 工具

常用的模型制作工具可以归为度量工具、切割工具两大类。包括切割垫、美工刀、剪刀、热切割工具、比例尺、直尺、三角板、卷尺、蛇尺、圆规、模板、画线工具、计算器等，借助它们可以手工完成大多数比例较小的概念模型和工作模型的制作。图 7-2 所示为常用手工工具和材料集合。

制作尺度较大的模型或对模型精度要求较高时，通常借助专业机械切割设备，一般分为木工切割系统和数控聚酯、金属材料切割系统两大类。木工切割系统中常见的大型加工设备有木工电锯、台锯、多功能工作台、打磨机，数控切割系统中常见的有激光雕刻机、数控铣床、三维打印机等新型设备。数控加工系统设备是将设计者给出的较具体的 CAD 电子文件输入控制整个设备的计算机中，计算机自动根据图纸切割出各个平面、立面的模型部件，之后再由设计者自行根据需要将模型拼装起来。

进入 21 世纪后，国内外许多建筑院校开始关注参数化建筑实验，如目前英国的 AA（Architectural Association School of Architecture）、UCL（University College London）以及美国的很多专业院校的模型工作室里都配有三维打印设备，直接将方案的模型根据图纸三维实体化。尽管这类设备目前在制作模型的尺度上还存在一定的局限，而且设备以及耗材的成本不菲，但可以预见在未来这一类的技术设备将会作为理想的工具被广泛应用于更为复杂的专业模型制作中。图 7-3 所示为数控设备切割，后期组装的精准设计模型。

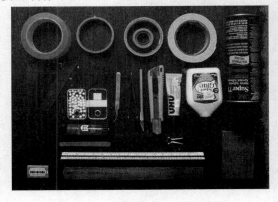

图 7-2 常用手工工具和材料集合

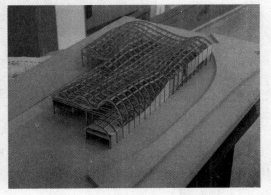

图 7-3 数控设备切割的模型

### 7.2.2 材料

常用模型制作材料有纸、卡纸、油泥、瓦楞纸、硬泡沫、PVC 板、航模板、亚克力板、有机玻璃板、ABS 塑料、金属材料、U 胶、白乳胶等。设计者应该在制作过程中发现合理的材料搭配方式和效果，在不同的模型制作阶段选择合适的模型材料。常用模型材料的特点有：

图 7 - 4　白卡纸制作的模型

1）纸、卡纸、瓦楞纸

这类材料在设计工作不同阶段均有广泛运用，尤其是在概念模型、工作模型阶段。具有便于加工、价廉物美的优点。图 7 - 4 所示为白卡纸制作的模型。

纸和卡纸的大小规格基本上遵循 A0 ~ A4 的变化，以对折的方式可以产生其较小的规格。厚度方面卡纸从 0.5 ~ 3mm 都较常见，2 ~ 3mm 厚的卡纸板一般作为草模阶段的墙体使用，方便而快捷。

瓦楞纸有不同的品质和尺寸大小，它的波浪纹是用平滑的纸张粘合在一面或两面上。常用于制作地形模型，优点是质量非常轻，但强度较弱，一般瓦楞纸的波浪越小越细，就越坚固。

2）硬泡沫

硬泡沫塑料又称保丽龙，有多种颜色。制作城市规划和城市设计尺度的模型时，常选择切割立体的硬泡沫体块表现，如图 7 - 5 所示的某规划模型。该材料抗压性能较好，便于被刀和热切割工具切开，也可用刨平、钻孔和研磨等方式进行加工，但该材料加工时易产生粉尘，须戴上防护面罩或做好其他防护措施。

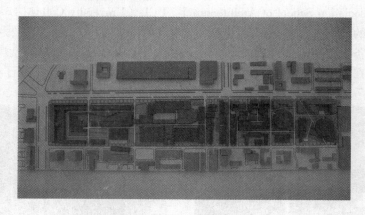

图 7 - 5　某规划模型

硬泡沫平板的尺寸规格多为 500mm × 1000 ~ 1000mm × 2000mm 之间，使用厚度为 10 ~ 100mm 之间，可满足不同比例要求的模型制作。

3）PVC 板

PVC 板是一种聚酯材料，多为白色，与纸类材料相比具有较好的坚固性和韧性，制作效果更为精致，适用于各种类型的建筑模型制作，图 7 - 6 所示为使用 PVC 板制作的某室内模型。

PVC 板规格较多，板面长宽范围从 915mm × 1200mm ~ 915mm × 1800mm 不等，厚度范围在 2 ~ 10mm 之间。

4）有机玻璃

有机玻璃也是一种聚酯材料，质量轻、透光性较好、容易切割，但易出现划痕，模型运送时需要包一层保护用纸，制作建筑门窗或大面积使用有机玻璃时，应待构件粘好后再揭下表面的保护纸，保证模型最终的美观效果。

有机玻璃的厚度从 1～8mm 不等，强度较好，适应一般模型尺度的墙体、楼板、屋面等制作要求，也可用于门窗等局部建筑构造的模型制作上。图 7-7 所示为妹岛和世设

图 7-6　使用 PVC 板制作的某室内模型

计的托莱多艺术博物馆玻璃厅的概念模型，该模型运用有机玻璃材料营造出通透的意向空间。

5）木材

木材和木材质合成材料也是常用的模型材料。木材类材料具有坚固、挺拔、便于加工且视感亲切的特性，使用范围广泛。图 7-8 所示为艾森曼事务所制作的小尺度城市设计分析模型。模型还原了建筑的现状情况，使设计者能较清晰对建设用地和周边环境进行分析，有利于后续设计工作的开展。

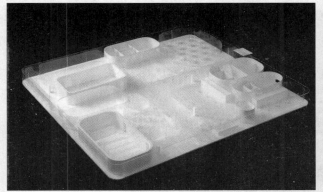

图 7-7　托莱多艺术博物馆玻璃厅概念模型

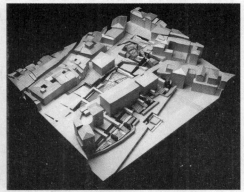

图 7-8　小尺度城市设计分析模型

6）金属

铁丝、金属薄板、金属型材断面等材料常用于模型的支撑结构、建筑物外观或内部构造制作。金属材料较难加工，通常借助专业的设备进行操作。

7）天然材料和废弃材料

制作乔木、灌木等植物以及室内家具等配景的时候，可以使用日常生活中既有的天然材料或废弃材料，如松果、小树枝或其他的有机物等。此外，一些电子业、制造业的人造物品，如电线、螺丝钉、塑料吸管、牙签、绳线、木球、飞机、汽车的玩具模型等也可以作为模型制作的材料加以利用。

8）粘接材料

常用的粘接材料有：双面胶带、白乳胶、U胶和瞬间胶等。

双面胶带通常用于暂时固定，在概念模型阶段较多使用。此类材料成本低廉、便于携带、操作方便、模型构件拆解方便。

白乳胶的使用前提是至少有一种材料是透气的，可以较快速的让水分蒸发以保证粘接的强度，一般用于木材、三夹板、纸板等材料的粘接。

U胶又称UHU胶，具有接着力强、涂抹容易、操作方便、干燥迅速等优点，是目前常用的模型粘接材料，广泛用于粘接布、塑胶（亚克力，PVC）、金属、木材、纸品等材料的贴合。干燥后透明不影响粘接物的美观，对粘接材质本身也不会产生腐蚀、溶解的现象。但应注意U胶易燃，不宜在高温易燃的位置存放。

502胶几秒之内即可将模型材料粘接，具有极大的粘接强度，但如果接触到眼睛和皮肤将会造成很大伤害，因此不推荐使用。

## 7.3  建筑设计的模型工作方式

建筑模型一般包含三大组成部分，即主体建筑、地形底盘和景观绿化等配景部分。制作前应该预先考虑好制作这几个部分的先后顺序，并找到彼此之间适宜的衔接方式。

建筑设计过程通常沿着发现问题 - 分析问题 - 解决问题的思维动线展开设计流程，与之对应的模型制作也遵循上述思想意图进行表达和制作，表现为概念模型、工作模型和成果模型。这三类模型的制作是本节讨论的重点，图7-9所示为概念模型、工作模型和成果模型的对照。

图7-9  概念模型、工作模型和成果模型的对照

### 7.3.1  地形模型

地形模型用于模拟自然环境中的地形，或是既有建筑空间场所，是主体模型的底盘。图7-10所示为主要描述自然地形变化的模型，图7-11所示则是表现用地周围现状与主体建筑间关系的模型。

 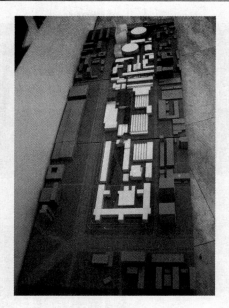

图 7 – 10　主要描述自然　　　　　图 7 – 11　表现用地周围现状与
地形变化的模型　　　　　　　　　　主体建筑间关系的模型

　　建筑大师赖特曾经说过"建筑是基地唯一的产物",对建筑用地的理解程度将会对建筑设计方案的成败与否起到至关重要的作用。因此设计开始阶段应该对基地进行详细的探究,对各个要素分析后产生相对客观的结论。北欧和日本的一些建筑院校和建筑师事务所都强调对于建筑基地真实情况的认识,考虑场地中的基本要素如地貌特征、地势变化、交通情况、自然景观分布情况等,在对真实基地自然条件的还原和解读的基础上,产生新的设计理念。

　　地形模型的比例要根据实际需要和主体方案的体量确定,一般在 1∶300 ~ 1∶2500之间,所用的材料常见的有卡纸、PVC 板、有机玻璃板、KT 板、纤维板、航模板、瓦楞纸等。

　　地形模型搭建方法主要为层叠法,即将预先分割好形状的板材(最好为同种材料)粘合叠加出等高线的形态,表现场地基本地形的高低起伏特征。

　　制作尺度较大的地形模型时,用前述单纯的叠加板材的办法过于耗费材料。因此也可以抓住地形起伏的主要特征,提炼出几条地形变化的关键折线,以这些线作为基地模型龙骨的参考位置,再以木条或几片切好的 PVC 板材垂直放置作为地形模型的龙骨或支撑柱子,搭建地形的基本框架,再覆以表面的模型材料,表示地表形态的意向。这种模型内侧局部做成空心,大幅减少模型材料的消耗,同时可减轻模型自重,如图 7 – 12 ~ 图7 – 15所示。

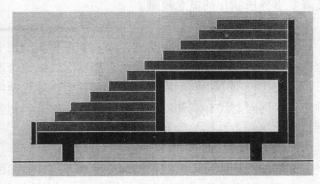

图 7 – 12　地形模型剖面(一)

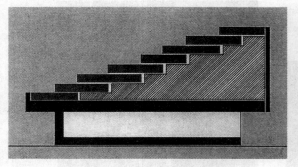

图 7 – 13　地形模型剖面（二）

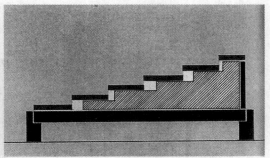

图 7 – 14　地形模型剖面（三）

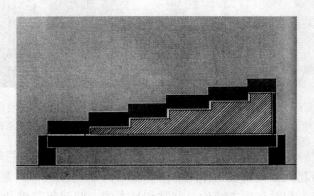

图 7 – 15　地形模型剖面（四）

### 7.3.2　建筑模型

建筑模型是以建筑为主体的模型表达方式，按照设计阶段的不同一般分为概念模型、工作模型和成果模型三种。

1）概念模型

设计方案开始阶段概念模型被作为一种常见草模，用概括的体块形式表达设计师的设计意图，对方案细节要求不多，帮助设计者思考设计概念、推敲建筑体量关系、研究场地上存在的各种潜在可能性，快速分析基地现状、对设计方案中拟建建筑与周围现有环境的关系、景观视线、交通流线、空间布局的组织等方面的概括性分析有很好的帮助。图 7 – 16 所示为艾森曼事务所制作的概念模型。

2）工作模型

工作模型以概念模型为基础，要求表现更多的细节，对一些设计问题的考虑更为深入而全面，基本展现出设计构思的最后理想状况，细致修改后可作为成果模型使用。

在工作模型中我们可以进一步发现并检查建设地段与周围环境的关系、空间形式、空间顺序等，同时对比外观和屋顶的具体形式，如开口划分元素、突出或凹入部分、外观韵律和屋顶平面等较为具体的研究和思考。

3）成果模型

成果模型是建筑模型制作的最终呈现方式，方案的细节部分诸如建筑材料与构造方面的效果要做出基本的表述，如图 7 – 17 所示。

图 7 - 16　概念模型

图 7 - 17　成果模型

### 7.3.3　室内模型

室内模型是以表现建筑内部空间为主的模型，也有概念模型和工作模型之分，成果模型则往往对应最后的实施效果。

室内空间为了更多地体现设计者的细腻想法，需要展现空间细节。这些细节包括室内的空间布局、家具和陈设品的摆放、空间的色彩搭配等方面。模型比例一般控制在 1:20 ~ 1:50 左右。

### 7.3.4　表现模型尺度和气氛的配件

制作成果模型的最后阶段，为了增强模型的尺度感、使模型氛围与设计意图贴切，可使用各种预制模型配件、模型配景，为成果模型带来更好的视觉感受和空间心理上的真实体验。配景种类较多如树木、人物、车辆、家具等，比例一般有 1:100、1:200、1:500、1:1000 等几种，如图 7 - 18 所示。

图 7 - 18　模型配景

## 7.4　设计过程与模型制作方法举例

开始制作模型之前，制作的期望和需求必须明确，对一些重要的方面做比较深入的思考，做好充分准备工作。

### 7.4.1　需要思考和注意的问题

1）模型制作的任务

模型制作之前首先应该思考所做模型的目的，是概念模型、工作模型还是成果模型；其次要明确所做模型表达怎样的设计意图，分析和解决哪些潜在的问题等，如表格 7 - 2 所示。

表 7 - 2　模型各阶段应关注的问题

| 关注对象制作阶段 | 概念模型 | 工作模型 | 成果模型 |
|---|---|---|---|
| 材质 | 经济的、快速、容易修改的 | 易修改的，较耐久 | 耐久的、不褪色的、坚韧的 |
| 工具 | 便于手工操作的、能快速表达设计意图的 | 从简单的工具到较为专业的工具 | 专业工具或是大型数控加工设备 |
| 机械 | 不必要 | 有时需要 | 需要。应根据模型种类而选用 |
| 场所 | 制图桌或工作台，配备切割垫 | 备有小型机器插座的工作台、切割垫 | 备有大型设备插座的工作台，应有专业人员指导操作 |

2）比例和尺度

不同类型的模型对应的比例和尺度有很大的不同，例如基地现状模型或建筑单体概念阶段模型比例通常为 1：500 左右，建筑单体工作模型阶段的比例通常为 1：100 ~ 1：200。

3）材质工具机械和人员

思考并选择制作模型的材料和工具，确保有足够的操作空间。如果以分组的形式完成，还需提前根据模型任务做好分工，统筹规划保证模型能够顺利完成。

4）工作文件是否齐全

正式制作模型之前应该确认原始图纸中平面图、立面图、剖面图是否备齐。如果个别楼层平面图及立面图数据缺失，可以采用参考相对恒定尺度的室内构件反推出实际的尺寸数据，例如可以参考楼梯和单人门洞的尺寸。

图 7 - 19　概念模型与工作模型的对照

### 7.4.2　别墅设计与模型制作

别墅设计的建筑方案体量较小，制作之初应明确概念模型、工作模型和成果模型三阶段的不同要求，还应对最后模型的实际大小做预估。例如制作层数为三层以下的 $400m^2$ 别墅方案，概念模型比例适宜控制在 1：100 左右；成果模型比例应该控制在 1：50 左右，模型尺度较为合适，方便观者解读空间。图 7 - 19 所示概念模型与工作模型的对照。

### 7.4.3　集合住宅设计与模型制作

集合住宅模型与场地周边的道路、建筑、自然环境等关联，用地相对较大、建筑种类和数量也较多。一般先制作好场地模型，将地形模型以及周围环境现有的真实状态呈现出来，然后调整场地内的建筑组织。概念模型阶段，通常在场地内摆放基本的建筑体块，用简化的语言思考建筑组团之间基本的功能组织、交通组织、视线关系等，比例适宜控制在 1：500 左右。工作模型阶段，比例控制在 1 : 200 ~ 1 : 300 左右，对集合住宅单体方案进行深入分析，模型材料和细致程度都有进一步要求，适当将模型分解为几个部分如墙面、内部楼层、结构支撑等部分，分别做好后再整体拼合起来，如图 7 - 20 ~ 图 7 - 22 所示。

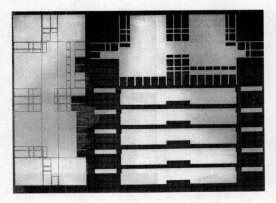

图 7 - 20　集合住宅设计与模型制作（一）

图 7 - 21　集合住宅设计与制作（二）

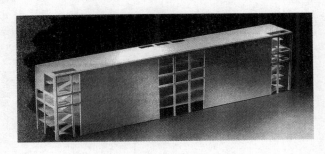

图 7 - 22　集合住宅设计与制作（三）

### 7.4.4　小型公共建筑物设计与模型制作

　　小型公共建筑设计面对的设计问题相对复杂，往往需要做多个模型进行方案分析与比较，从中选择最理想的设计概念进行深化。图 7 - 23 所示为斯蒂芬霍尔事务所用于分析建筑选型的概念模型。一般情况下，概念模型阶段模型比例控制在 1 : 300 左右，便于快速寻找到建筑与周边环境的关系，也便于及时分析、改进设计方案。工作模型和成果模型阶段，模型比例适宜控制在 1 : 100 左右，便于得到更多的细节，逐步深化建筑设计方案。

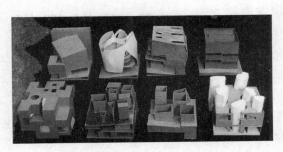

图 7 - 23　概念模型对比

111

# 思 考 题

7-1 制作建筑模型的意义是什么?

7-2 模型制作的几个阶段分别是什么?

7-3 制作地形模型需要注意哪些要点?

7-4 建筑模型按表现内容分为哪几种类型?

7-5 常用的模型粘接工具有哪些?

右。工作模型阶段，比例控制在 1∶200～1∶300 左右，对集合住宅单体方案进行深入分析，模型材料和细致程度都有进一步要求，适当将模型分解为几个部分如墙面、内部楼层、结构支撑等部分，分别做好后再整体拼合起来，如图 7-20～图 7-22 所示。

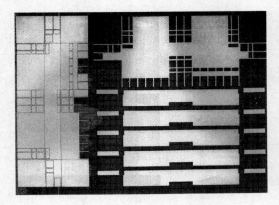

图 7-20 集合住宅设计与模型制作（一）

图 7-21 集合住宅设计与制作（二）

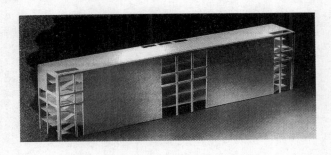

图 7-22 集合住宅设计与制作（三）

### 7.4.4 小型公共建筑物设计与模型制作

小型公共建筑设计面对的设计问题相对复杂，往往需要做多个模型进行方案分析与比较，从中选择最理想的设计概念进行深化。图 7-23 所示为斯蒂芬霍尔事务所用于分析建筑选型的概念模型。一般情况下，概念模型阶段模型比例控制在 1∶300 左右，便于快速寻找到建筑与周边环境的关系，也便于及时分析、改进设计方案。工作模型和成果模型阶段，模型比例适宜控制在 1∶100 左右，便于得到更多的细节，逐步深化建筑设计方案。

图 7-23 概念模型对比

# 思 考 题

7-1　制作建筑模型的意义是什么?

7-2　模型制作的几个阶段分别是什么?

7-3　制作地形模型需要注意哪些要点?

7-4　建筑模型按表现内容分为哪几种类型?

7-5　常用的模型粘接工具有哪些?

# 第8章 构成知识概述

请按表8-1的教学要求，学习本章的相关教学内容。

表8-1 教学内容和教学要求表

| 教学内容 | 教学要求 |
| --- | --- |
| 8.1 构成概述 | 了解 |
| 8.1.1 学习构成的目的 | 熟悉 |
| 8.1.2 形式美的法则 | |
| 8.2 平面构成 | |
| 8.2.1 平面构成的形态要素 | 重点 |
| 8.2.2 构成中的基本形 | 掌握 |
| 8.2.3 平面构成的形式 | |
| 8.2.4 平面构成作品分析 | 了解、熟悉 |
| 8.3 立体构成 | |
| 8.3.1 立体构成的形态要素 | 重点 |
| 8.3.2 立体构成的基本方法 | 掌握 |
| 8.3.3 立体构成作品分析 | 了解、熟悉 |

## 8.1 构成概述

构成就是把要素打碎进行重新组合——康定斯基。

作为一种现代造型概念，构成（Constitution）的概念发端于"包豪斯设计学院"，发展于20世纪60~70年代。构成就是将一定的形态元素，按照视觉规律、力学原理、心理特性、审美法则进行创造性的组合，重新赋予秩序，其核心是"要素重新组合"。

根据研究对象的区别，习惯上把构成分为平面构成、立体构成和色彩构成，在三大构成中，平面构成和立体构成的独立性较强，而色彩构成与前两者在内容上存在着很大的重叠性和重复性。色彩构成可以理解为平面构成的一个分支，即在统一的原则、方法的基础上增加色彩叠加、色相对比、色度推移、明度推移等更加专门的色彩知识。因此本章只重点介绍平面构成与立体构成部分相关内容，省略色彩构成部分。

### 8.1.1 学习构成的目的

建筑设计类专业的学生为什么要学习构成？空间、形体以及色彩、肌理等不仅是建筑存在的物质表现，又是建筑艺术的重要特征。其一，如果没有建筑的形体与空间，建筑就无法实现其使用上的功能，从而失去了存在的意义；其二，就建筑艺术而言，如果脱离开形体和空间等表现手段，其艺术创作便失去了具体的依托。因此对形体、空间的表现，乃是建筑艺

113

术中最为基本的语言。构成的学习，就是从抽象化的点、线、面、体开始的，以基本形为基础，通过各种"构形"方法对"形"进行重新设计，创造出新"形"，从而培养学生的审美能力和造型能力。

### 8.1.2 形式美的法则

构成创作的文法要素是有关韵律、比例、亮度和虚的空间等法则。造型中的美是在变化和统一的矛盾中寻求既不单调又不混乱的某种紧张而调和的世界——格罗皮乌斯。

形式美的法则多样统一，简单说就是在统一中求变化，在变化中求统一。"多样"是整体各个部分在形式上的区别与差异，"统一"则是指各部分在形式上的某些共同特征以及它们之间的某种关联、响应、衬托的关系。任何造型艺术，都由若干部分组成，这些部分之间应该既有变化，又有秩序。如果缺乏多样性的变化，则势必流于单调，而缺乏和谐与秩序，又显得杂乱。由多样统一这个基本的美学原则产生出对比、均衡、统一、节奏、韵律、比例等构成的基本规律。

1. 对称与均衡

对称与均衡是构成中运用最广泛和古老的内容。对称即中轴线两边或中心点周围各组成部分的造型、色彩完全相同。均衡则是视觉上的稳定和平衡感。对称与均衡容易获得整个画面的完整统一，但过度对称与均衡容易显得单调呆板。图8-1所示为中国传统的四进四合院式住宅的平面布局，建筑沿轴线对称展开，以院落的形式组织建筑空间，体现出等级分明、秩序井然和雍容大度的气质。图8-2所示为莱特设计的协和教堂，使用了多重对称的设计手法，主要部分和次要部分均为对称布局，给建筑布局增加复杂性和等级感，还能适应功能上的实际需要和环境要求。

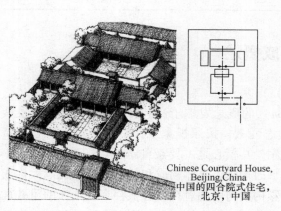

Chinese Courtyard House,
Beijing,China,
中国的四合院式住宅，
北京，中国

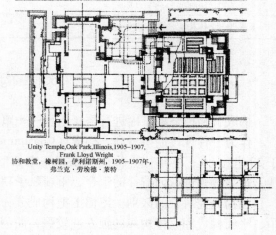

Unity Temple,Oak Park,Illinois,1905-1907,
Frank Lloyd Wright
协和教堂，橡树园，伊利诺斯州，1905-1907年，
弗兰克·劳埃德·莱特

图8-1 中国传统四合院式住宅对称的平面布局　　　　图8-2 多重对称产生均衡感

2. 对比与调和

对比是两者或多者之间的比较，例如大小、虚实、轻重等。对比的目的是打破单调，是从矛盾的因素中获得良好的视觉效果。调和是两种或两种以上的物质或物体混合成一体，彼此不发生冲突。就形式美而言，对比和调和都是不可缺少的，对比可以借彼此之间的不同烘托陪衬，进而突出各自的特点以求变化，调和则可以借助相互之间的共同性求得和谐如图8-3～图8-5所示。

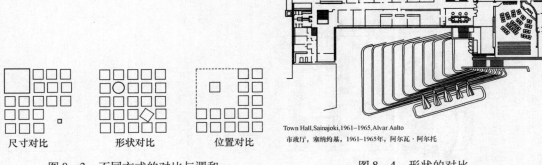

| 尺寸对比 | 形状对比 | 位置对比 |
|---|---|---|

图 8-3　不同方式的对比与调和

Town Hall,Sainajoki,1961~1965,Alvar Aalto
市政厅，塞纳约基，1961~1965年，阿尔瓦·阿尔托

图 8-4　形状的对比

### 3. 节奏与韵律

节奏与韵律本来是音乐上的概念，体现在建筑、雕塑、绘画和装饰等不同的视觉艺术形式中，是指有规律的重复出现和有秩序的变化，从而激发人们的美感，如图8-6和图8-7所示。

佛罗伦萨景象，大教堂在城市景观中占有支配地位

图 8-5　对比突显视觉重点

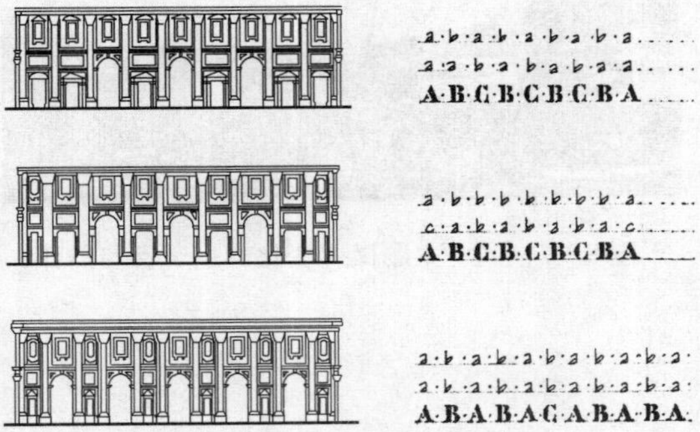

Studies of Internal Facade of a Basilica by Francesco Borromini
由弗朗西斯科·博洛米尼所作的某巴西利卡内部立面研究

图 8-6　同一主题重复使用产生节奏与韵律

### 4. 比例与尺度

比例是形体之间谋求统一或均衡的数量秩序。尺度则是指整体和局部之间的关系及其与环境特点的适应性问题。比例与尺度处理不恰当，会使人产生不舒服的感受。图8-8所示为数学上的“黄金分割比例关系”，古希腊人发现，在人体比例中，黄金分割起着决定性的作用，他们在庙宇建筑中运用了这些相同的比例。文艺复兴时期的建筑师也在他们的作品中探索了黄金分割。近代建筑大师勒·柯布西耶的模度体系同样以黄金分割为基础建立，黄金分割在建筑中的应用甚至一直延续至今。

希腊雅典的帕提农神庙正立面设计，运用了黄金分割划分比例，如图8-9所示。两张分析图在设计之初都是把该立面放入一个黄金分割矩形中，通过两张分析图证明了运用黄金分割的方法不同，对正立面的尺寸及各构件的分布等分析效果也不同。

人体是所有建筑物真正的测量标准，如图8-10所示。建筑为人所建、为人所住，在其建造与居住过程中，人体尺度与人的活动是决定建筑物形状、大小的主要因素。具有纪念性尺度的建筑物，常通过使用较大的尺度，让使用者感到渺小；而小巧、亲切的尺度，能够形成舒适宜人空间氛围。

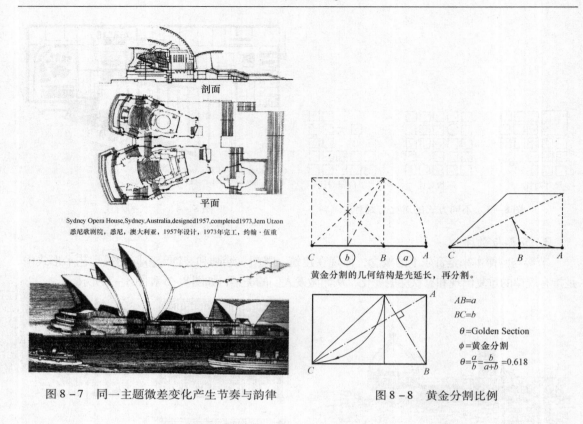

剖面

平面

Sydney Opera House,Sydney,Australia,designed1957,completed1973,Jern Utzon

悉尼歌剧院，悉尼，澳大利亚，1957年设计，1973年完工，约翰·伍重

图8-7 同一主题微差变化产生节奏与韵律

黄金分割的几何结构是先延长，再分割。

$AB=a$

$BC=b$

$\theta$＝Golden Section

$\phi$＝黄金分割

$\theta=\dfrac{a}{b}=\dfrac{b}{a+b}=0.618$

图8-8 黄金分割比例

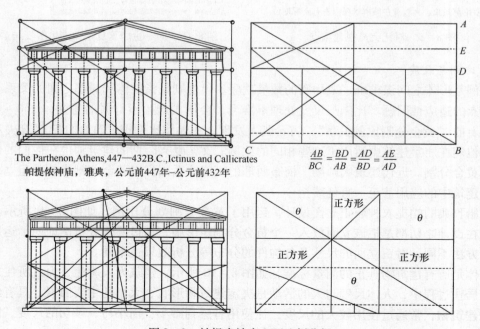

The Parthenon,Athens,447—432B.C.,Ictinus and Callicrates

帕提侬神庙，雅典，公元前447年–公元前432年

$\dfrac{AB}{BC}=\dfrac{BD}{AB}=\dfrac{AD}{BD}=\dfrac{AE}{AD}$

正方形  正方形  正方形  正方形  $\theta$

图8-9 帕提农神庙立面比例分析

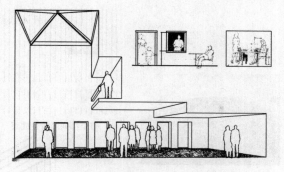

图 8 - 10　人体是衡量建筑尺度的标尺

# 8.2　平面构成

平面构成是将既有的形态，在二维的平面内，依照形式美的法则和一定的秩序进行分解、组合，从而创造出全新的形态及理想的组合方式、组合秩序。

## 8.2.1　平面构成的形态要素

平面构成的基本形态要素是点、线、面。

### 1. 形态要素之"点"

几何学中把没有长、宽、厚而只有位置的几何图形称为"点"。在平面构成中，点可以具有任何形状，相对而言，越小的形体越能给人以点的感觉。

点具有多种视觉特征：简洁、生动、有趣。点的集合会吸引视线；点的密集会产生面的感觉；大小不同的点摆在一起会有空间深度的感觉；大小一致的点按照一定的方向有规律地排列，给人以线的感觉；点的大小排布会产生曲面的效果，如图 8 - 11 所示。

### 2. 形态要素之"线"

线在几何学上指一个点任意移动所构成的图形，有直线和曲线两种。在平面构成中，线既有长度，也可以具有一定的宽度和厚度。

线同样具有多种视觉特征：直线偏静态、理性；水平线平和、安宁；垂直线硬挺、庄

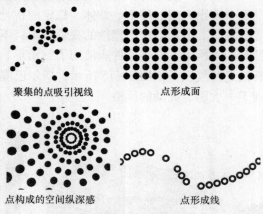

聚集的点吸引视线　　　　　点形成面

点构成的空间纵深感　　　　点形成线

图 8 - 11　点的特性

重；曲线柔美、自由；斜线运动、速度感。如图 8 - 12 (a)所示，香港中银大厦的设计使用了斜线组成四组三角形，每组三角形的高度不同，"节节高升"，象征了力量、生机、茁壮和锐意进取的精神；图 8 - 12 (b)所示为中国国家大剧院主体形状为半椭球形，平静水面上的优美曲线体现出传统与现代、浪漫与现实的结合；图 8 - 12 (c)所示为人民大会堂正门十二根大理石门柱形成的垂直线条与建筑檐口的水平线条体现出庄严雄伟、壮丽典雅的建筑风格。

等距离密集排列的线形成面的效果；不同粗细、疏密变化的线可以产生空间透视感觉；线的排列还可以制造立体效果等，如图 8 - 13 所示。

(b)

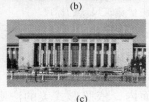

(c)

(a)

图 8 - 12　线的视觉特性

等距排列的线生成面　　　变化的线产生空间透视感

线的立体效果

图 8 - 13　线的特性

### 3. 形态要素之"面"

面在几何学上指线移动的轨迹，也可以是点的密集。面可以分为规则面和不规则面。规则面包括圆形、方形、三角形等几何图形。圆形、方形这两种面的相加和相减，可以构成无数多样的面；不规则的面是由曲线、直线围成的复杂的面。

面呈现出充实、厚重、整体、稳定的视觉效果。不同类型的面有不同的语言，几何形的面表现规则、平稳、较为理性的视觉效果；不规则的面给人以更为生动、抽象的视觉效果。如图 8 - 14 所示，罗马万神庙使用了三角形、圆形、矩形等规则的几何形面，表达出庄严、肃穆的建筑气质；如图 8 - 15 所示，毕尔巴鄂古根海姆博物馆使用了不规则的面，表达了建筑前卫、大胆、灵动的风格。

图 8 - 14　罗马万神庙

图 8 - 15　古根海姆博物馆

### 8.2.2　构成中的基本形

基本形是指构成图形的基本元素单位。一个点、一条线、一块面都可以成为基本形元素。基本形的设计应简练，以免由于构成形式本身的丰富多样而使画面过于复杂烦琐。

基本形的产生有下面几种方式：

（1）几何单形的相互构成：它是以圆形、方形、三角形为基本形体，将它们分别以连接、分离、减缺、差叠、重合、重叠、透叠等形式，构成不同形象特点的造型。图 8－16 所示以方形为例，表示几何单形的构成。

（2）分割所构成的形体：对原形进行分割产生子形，将子形重新组合后 产生新形，包括等形分割、等量分割、比例数列分割和自由分割四种形式，如图 8－17 所示。

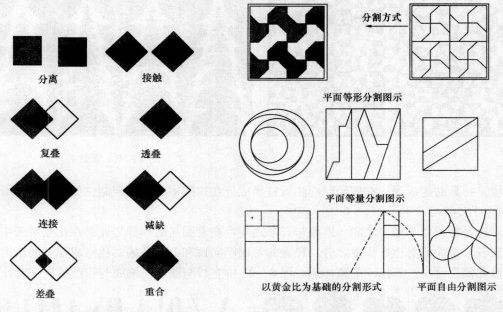

图 8－16　几何单形的相互构成　　　　　图 8－17　分割形式

（3）自然形单形的构成：把自然物的基本形以真实、自然、概况的形式表现出来。

## 8.2.3　平面构成的形式

常用的平面构成形式有重复、渐变、特异、对比、近似、对称、发射、密集、肌理、图底关系等。

### 1. 重复形式

重复是指同一形态连续、有规律地反复出现。重复的视觉效果使形象秩序化、整齐化、和谐而富于节奏感。

重复这种构成形式在设计应用中极其广泛，给人以壮观、整齐的美，如建筑立面上整齐排列的窗户、阳台，室内地面的瓷砖等。以一个基本单形为主题在基本格式内重复排列，排列时可作方向和位置的变化，产生强烈的形式美感，如图 8－18 所示。

### 2. 渐变形式

渐变是指基本形在循序渐进的变化过程中，呈现出阶段性秩序的构成形式，反映出运动变化的规律，如图 8－19 所示。

### 3. 特异形式

特异是指在有序的关系中，有意违反秩序，使得少数个别要素显得突出，从而打破规律性的构成手法。特异在视觉上容易形成焦点，打破单调的局面，表达的是"万绿丛中一点红"

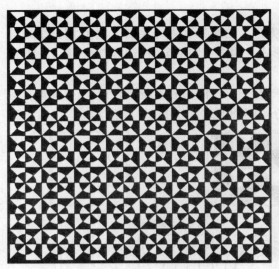

图 8 – 18　重复

图 8 – 19　渐变

的意境。特异的构成手法在使用时应注意特异成分在构图中的比例控制，如图 8 – 20 所示。

4. 对比形式

对比是指形象与形象之间，形象与背景之间存在着明显的相异之处，在相互对照中显示或突出各自特性。对比有程度之分，轻微的对比趋向调和，强烈的对比形成视觉的张力。对比手法在使用时应注意统一的整体感。图 8 – 21 中直线与曲线、细线与粗线等产生对比。

图 8 – 20　特异

图 8 – 21　对比

5. 近似形式

近似是指有相似之处的形体之间的构成。平面构成的近似可以是形状、大小、色彩、肌理等的近似。

"远看如出一辙，近看千变万化"，有相似之处的形体在于"变化"于"统一"之中进行组合，是近似构成的特征。近似手法在使用时应注意掌握好形与形的相似程度，如图 8 – 22 所示。

(a)

(b)

图 8 – 22  近似

6. 对称形式

对称分为轴线对称与中心对称。对称形比较适合表现明快统一、井然有序的感觉，虽然缺乏动感和立体感，但安定、庄严、稳定，如图 8 – 23 所示。

7. 发射形式

发射是一种特殊的重复或渐变。其特征有两点：第一，发射必须有明确的中心并向四周扩散或向中心聚集；第二，发射有一种空间感或光学的动感，以一点或多点为中心，呈向周围发射、扩散等视觉效果，具有较强的动感及节奏感，如图 8 – 24 所示。某些以一点为中心的发射也是中心对称的一种。

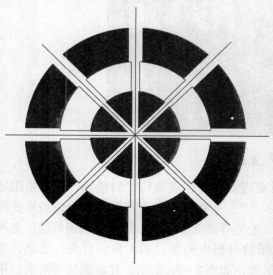 

图 8 – 23  中心对称　　　　　　　　　图 8 – 24  发射

## 8. 密集形式

数量众多的基本形在某些地方密集，而在其他地方稀疏，聚、散、虚、实之间常带有渐移的现象就是密集。最密的地方和最疏的地方常常成为整个视觉设计的焦点。密集手法在使用时应注意，密集的基本形面积较小、数量较多才有效果，如果基本形大小差别太大就成为对比形式，如图 8 - 25 所示。

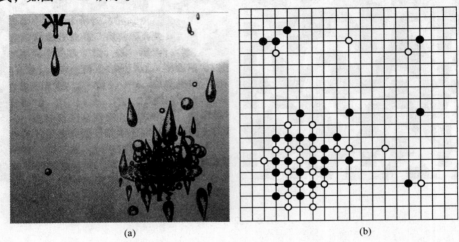

(a)                    (b)

图 8 - 25　密集

## 9. 肌理构成

"肌"可以理解成原始材料的质地，"理"可定义为纹理起伏的编排。肌理就是物体的色泽、质地、纹理的编排，如图 8 - 26 所示，干涸的大地、车轮碾过的痕迹，都是具有美感的肌理。

图 8 - 26　肌理

肌理一般分为视觉肌理和触觉肌理。视觉肌理是指物体表面特征的描述，一般是用眼睛看，而不是用手触摸的肌理，如图 8 - 27 所示。"形"和"色"是视觉肌理构成的重要因素。肌理的表现手法有多样，如用铅笔、钢笔、毛笔等都能形成各自独特的肌理痕迹；也可以用画、喷、洒、浸、染、淋等手法制作。使用的材料也很多，如木头、石头、玻璃、油漆、纸张等。用手抚摸有凹凸感的肌理为触觉肌理，如图 8 - 28 所示。光滑的肌理给人以细腻、滑润的手感，木质、岩石的肌理给人以纯朴、无华的感觉，使人恬静。

图 8 - 27　视觉肌理　　　　　　　　　　图 8 - 28　触觉肌理

10. 图底关系

我们通常把平面上完整的形象称之为"图"，图周围的空间称之为"底"，"图"与"底"共存。通常在视觉上有凝聚力、前进性的"形象"，容易成为"图"；相反起陪衬作用、具有后退感、依赖图而存在的部分成为"底"。"图"与"底"的关系是辩证的，两者常可以互换。无论是西方的鲁宾杯还是中国的太极图，都包含了这种图底关系的辩证思想，如图 8 - 29 所示。图 8 - 30 所示为城市规划的建筑实体空间与广场、道路空间往往成为可以互换的图底关系。

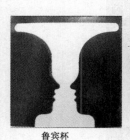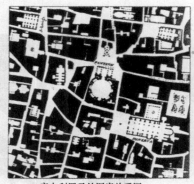

鲁宾杯　　　阴阳互易——太极图　　　意大利罗马的图底关系图　　　意大利坎坡广场土地关系图

图 8 - 29　图底关系　　　　　　　图 8 - 30　城市中的图底关系

### 8.2.4　平面构成作品分析

1. 实例一：圆形、矩形（图 8 - 31）

基本类型：线、面构成。

基本单元：圆形、矩形。

基本方法：形的分割与叠加。

圆形与扭转的矩形骨架

圆形的分割、移位

矩形的分割、移位

面的线化处理

图 8 – 31　平面构成作品分析（一）

特点分析：将圆形与矩形按 45°和 135°方向进行交叉分割，并按一定规律进行位移，然后使两者分割后所形成的子形叠加。构图注意了两者之间的大小及疏密对比，整个图形表现出明显的韵律感。同时，分割后的圆形位移有度，基本保持了原形的特点，从而形成图面的统摄主体，对稍显无序的几块矩形具有一定的控制力。

2. 实例二：三角形（图 8 – 32）

基本类型：线、面构成。

基本单元：三角形。

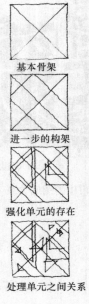

基本骨架

进一步的构架

强化单元的存在

处理单元之间关系

图 8 – 32　平面构成作品分析（二）

基本方法：形的划分及单元的重复和变化。

特点分析：首先将正方形划分成以对角线为界的四个直角等腰三角形。对角线所形成的×状骨架，作为该作品的基本架构。以此为基础，将若干大小不等的等腰直角三角形加入其中，并采用消减、叠加等手法，一定程度上减弱×状骨架的呆板、单调的感觉，并注意调整三角形分布的大小、疏密关系。同时通过对位关系，再现了方形在其中的存在。对图形外框的绘制，进一步强调了方形的存在。作品中色块的运用也使得对形的解读出现多义性，是丰富形式的另一手段。

# 8.3　立体构成

立体构成是研究三维形态创造规律的造型基础学科。它是指使用各种基本材料，将造型要素按照形式美的原则，进行分解、抽象与重组，从而创造新的立体造型的过程。

## 8.3.1　立体构成的形态要素

点、线、面、体是立体构成的形态要素。立体构成中的点、线、面、体处于相对连续、循环的关系。例如"点"按一定方向连续下去，就会变成"线"；而把"线"横向排列又会变成"面"；把"面"堆积起来就成为"体"。"体"也是相对的，例如一幢幢建筑是体，但在站在整个城市角度看却只能是"点"，如图 8 – 33 所示。

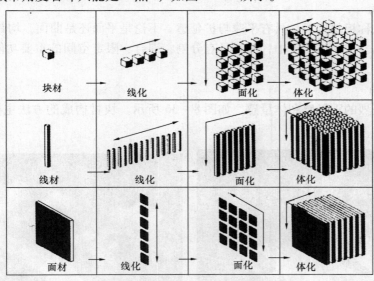

图 8 – 33　三维空间中点线面体的相互转化

立体构成中的"点"是平面构成中"点"的三维化，点材一般要和线材、面材和块材一起构成立体造型；线以长度单位为特征，有空间感和较强的表现力，犹如人的骨骼；面是指面积比厚度大得多的材料，具有延伸感和充实感，犹如人的皮肤；块则指具有长、宽、高三度空间的量块实体，具有体量感的造型形式，视觉效果很强，犹如人的肌肉。

## 8.3.2　立体构成的基本方法

立体构成常用的基本方法按照构成材料的形状分为线材构成、面材构成、块材构成和综合构成。

**1. 线材构成**

在实际生活中，线材包括硬线材和软线材。硬线材有木材、塑料、金属等条状材料；软线材则有棉、麻、化纤以及可以弯曲的金属线等。

线材构成的特点是，它们本身没有表现空间和形体的能力，需要通过线群的集聚和框架的支撑才能形成面的效果，进而形成空间形体。其表现特点是通过线群的集聚和线之间的间隙表现出不同的线群结构，利用线群的表现效果及网格的疏密变化产生节奏韵律。在进行线材构成时应注意所选线材的形状与材质、线材之间的空隙安排以及线材节点的选择，如图8-34所示。

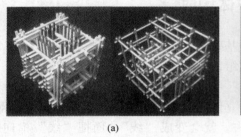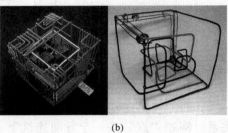

(a)　　　　　　　　　　　　　　　(b)

图 8-34　线材构成

**2. 面材构成**

面材构成又称板材构成，具有平薄与扩延感。不论是平面还是曲面，均具有比线材更明确的空间占有感。在立体构成中，面材具有分割、围合、限定空间的重要功能，如图8-35所示。

**3. 块材构成**

块材具有强烈的重量感和体量感，如图8-36所示。块材构成的方法主要有以下几种，如图8-37所示。

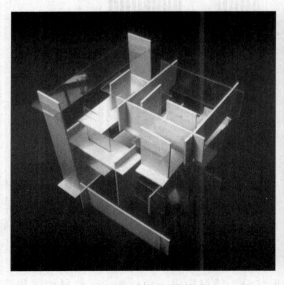

图 8-35　面材构成　　　　　　　　　　　图 8-36　块材构成

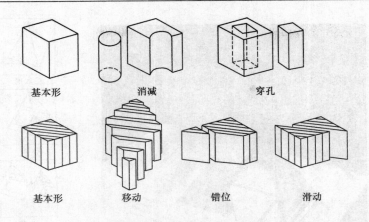

图 8 – 37   块材常用构成方法

（1）消减法：在主形体上切去不同形状的形体，包括穿孔在内，视觉效果减弱。

（2）添加法：在主形体上添加不同形状的形体，视觉效果增强。

（3）组合法：用单元形进行组合而成新形，强调秩序感和节奏感。

（4）分离法：用分割形式创造新的形体。

块材构成应注意整体空间造型的统一与和谐完整。

4. 综合构成

综合构成是综合采用线材、面材和块材任意两种或三种进行构成的方式。综合构成应注意将不同材料的特质合理使用，以达到整体的和谐统一，同时注意不同材料的搭配、连接方式，可以选择粘合、捆绑、插接等方式，如图 8 – 38 所示。

图 8 – 38   综合构成

### 8.3.3   立体构成作品分析

1. 实例一：四棱锥体（图 8 – 39）

基本类型：线材、面材综合构成。

基本单元：四棱锥体。

基本方法：形的分割与移位。

特点分析：将等边的四棱锥体进行分解，分解后的子形虽然形状各不相同，但由于多数子形都具有等边三角形的因素，彼此之间仍然能够找到关联的视觉要素。这些子形在有限范围内移动，并没有改变角度，因而原来的基本形体——四棱锥体在视觉上得以维持，移动产生的视觉张力使得这个作品更加生动。接近底盘部位的白色横线条组成的围合形体虽然不具备与其他

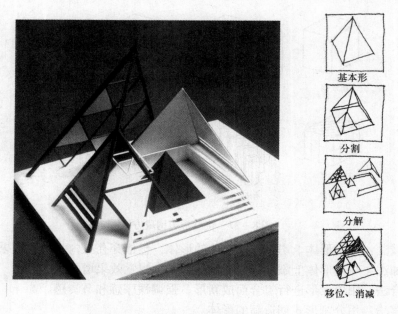

基本形

分割

分解

移位、消减

图 8 - 39　立体构成作品分析（一）

子形相似的等边三角形的特征，但由它界定的轮廓明确暗示了四棱锥体的存在。中部实心的四棱锥体，既能成为视觉的中心，同时又暗示了四棱锥体在整体构成中的结构性作用。

2. 实例二：立方体（图 8 - 40）

基本类型：线材、块材综合构成。

基本单元：立方体。

基本方法：单元的聚集。

特点分析：首先采用分组的方法，将实体的立方块相组合，按照多寡不等的方式分布在底盘不同区域内。每个实体立方块相对较小，线框构成的虚体立方块相对较大。线框立方体分布在外围，控制整体轮廓。原来散落在不同部位的实体立方块，在视觉上完全被线框立方

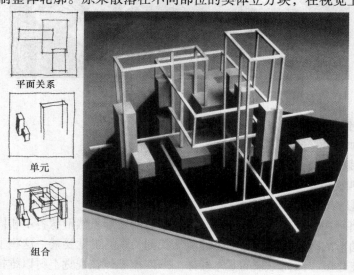

平面关系

单元

组合

图 8 - 40　立体构成作品分析（二）

体的强势所压制，成为点缀其中的活跃要素。底部数条参差不齐的白色线条划分了底盘，强化了实体在线框组成结构中的归属感。该作品整体视觉效果轻松。

　　注：作品实例部分重点参考刘剀、万谦编著的《建筑设计学生作品集》和田学哲等编著的《形态构成解析》。

# 思　考　题

8－1　形式美的法则包含哪些内容？

8－2　平面构成的基本形态要素是什么？

8－3　平面构成的主要形式有哪些？

8－4　立体构成的基本形态要素包括什么？

8－5　立体构成的基本方法按照材料的形状分为哪三种？

8－6　线材构成的特点是什么？在进行线材构成时应注意哪些问题？

8－7　面材构成的特点是什么？在进行面材构成时应注意哪些问题？

8－8　块材构成的特点是什么？在进行块材构成时应注意哪些问题？

# 实训课程作业

**实训 1：平面构成训练（3 学时）**

1. 实训目的

（1）了解平面构成的概念，学习在二维空间里将相同或不同的单元重新组合为新的平面图形。

（2）了解平面构成中局部与整体、局部与局部之间存在的结构关系，并认识到这个关系是构成设计的基础。

（3）训练按照形式美的原则（统一、均衡、比例、节奏、韵律）进行平面单元的组合设计，在对组合图形的调整及筛选过程中培养对平面图形的鉴赏能力。

（4）从抽象的平面形态入手，培养对形的敏感性、归纳性和创造性，为建筑设计中的平面设计、空间设计做准备。

2. 作业要求

内容一：

（1）将 6cm×6cm 的正方形分割成五块或六块，然后以不同的平面构成形式，重新将它们组合成 5 个画面，这 5 或 6 个画面要体现形式美的原则。

（2）分割时要注意块与块之间的比例及结构关系，分割的基本形避免过于复杂，在简洁中求变化。

（3）组合时不允许出现基本形镜像、重叠的现象。

（4）注意多种变化的可能性，学会多方案分析比较的方法。

（5）分析构成中网格的运用，以及网格与基本形的位置关系。

内容二：

（1）选取具体的建筑、规划或景观设计作品，对其构成形式进行提炼和分析。

（2）具体的作品应与归纳出来的构成形式一一对应，共三组，每组应对构成手法简单分析，并注明具体的建筑、规划或景观设计作品的名称。

（3）重点：体会和表达构成方法在建筑、规划和景观设计中的运用，注意避免牵强附会、生搬硬套。

3. 作业成果：

（1）图幅 440mm×300mm，具体排版格式见附图。

（2）工具：针管笔墨线尺规作图，局部可徒手绘制。

（3）作业名称：平面构成。

（4）图纸内容包括：

① 6cm×6cm 的正方形分割示意图。

② 由分割的单元块组合成的五个画面，每个画面边框为 12cm×12cm，并注明相应的构成形式：重复、特异、近似、对称、放射、渐变、对比、旋转、图底关系、密集。

③ 内容二选取的建筑原形，表达重点不限，平面或立面都可，原形绘制深度：门、窗、墙、柱等主要建筑结构部分表达要求清楚完整，细部如家具、绿化等不需要表达；应注明建筑名称。内容二选取的规划或景观设计作品，应根据需要将主要的设计元素绘制清晰、完整，并注明作品名称。

④ 由原形抽象出的构成分析图，应注明其主要的构成形式，可配以适当的文字分析；可增加网格线、对称轴等辅助线进行分析。

（5）请在图纸背面右下角绘制标题栏，全部字体为仿宋字，尺寸如下：

**实训 1 范图**

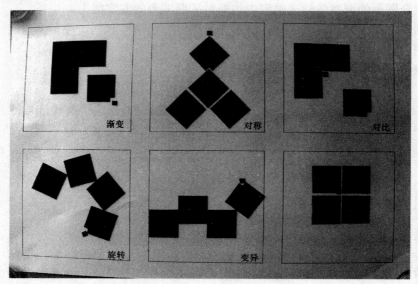

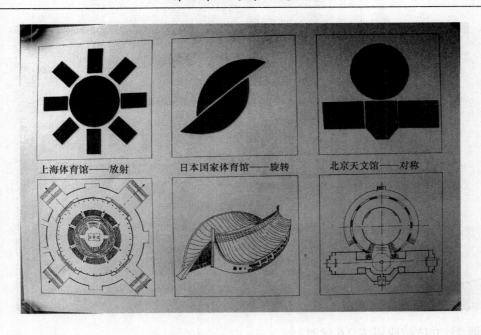

上海体育馆——放射　　日本国家体育馆——旋转　　北京天文馆——对称

特异　　　　　　对称　　　　　　渐变

对比　　　　　　重复　　　　　　分割

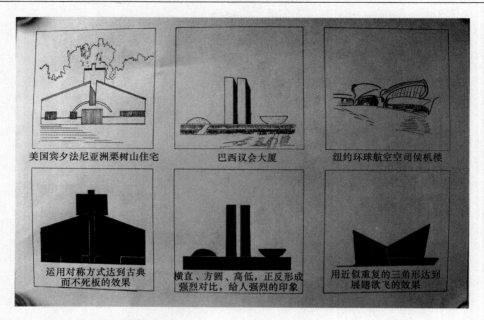

美国宾夕法尼亚洲栗树山住宅　　巴西议会大厦　　纽约环球航空空司侯机楼

运用对称方式达到古典
而不死板的效果

横直、方圆、高低，正反形成
强烈对比，给人强烈的印象

用近似重复的三角形达到
展翅欲飞的效果

**实训2：立体构成训练（6学时）**

1. 实训目的

（1）学习在三维空间中创造有趣形态，并把它们组织在特定范围内的技巧。

（2）学习对杆件、板片、体块材料特性的认识和合理运用。

（3）在基本形态构成理论基础上探求建筑形态构成的特点和规律。

（4）把建筑形态同功能、技术、经济等因素分离开来，作为纯造型现象，抽象、分解为基本形态要素（点、线、面、体），探求其视觉特性，研究其在视觉要素（形状、数量、色彩、质感）和关系要素（位置、方向、重力）作用下的组合特点和规律，挖掘建筑形态构成的可能性。

2. 作业要求

内容一：

（1）在150mm×150mm×150mm基本框架内，以形式美的原则进行立体构成。

（2）材料限定：材料不限，但材质或色彩不能超过三种且不能为反光材料。

（3）考虑选料的材质及粘接方式。

（4）选用底板要注意有一定刚度，不易变形，底板为黑色不反光材料。

（5）组合时注意多方案比较。

（6）鼓励作品的原创性，鼓励结合草图构思。

（7）要求逻辑有序，具有章法。

（8）视觉效果丰富，造型要素统一。

（9）要求制作工艺精良。

内容二：

（1）徒手线构思分析图。

（2）模型照片。

3. 作业成果

（1）模型（材料为杆件、板片、体块三种要素中任选其二或三种要素进行组合）。

（2）图幅 3 号图纸 420mm×297mm，自行排版。

（3）工具：针管笔墨线尺规作图，分析图徒手绘制。

（4）作业名称：立体构成。

（5）图纸内容包括：

① 徒手线构思分析图不少于 4 张，反应该构成形成的思维过程。

② 照片不少于 4 张，附相关说明文字。

（6）请在图纸背面右下角绘制标题栏，全部字体为仿宋字，尺寸如下：

| | | | | |
|---|---|---|---|---|
| 50 | 25 | 25 | 25 | 25 |

| 立体构成 | 班 级 | | 指导教师 | | 10 |
|---|---|---|---|---|---|
| | 姓 名 | | 日 期 | | 10 |
| | 学 号 | | 成 绩 | | 10 |

**实训 2 范图**

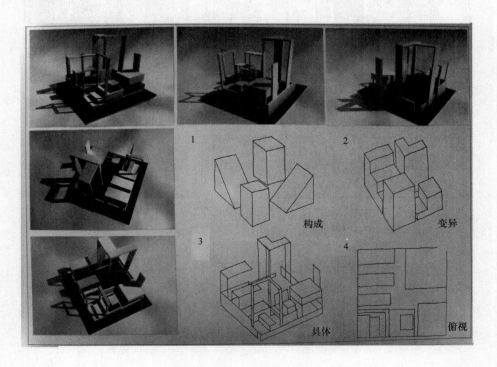

133

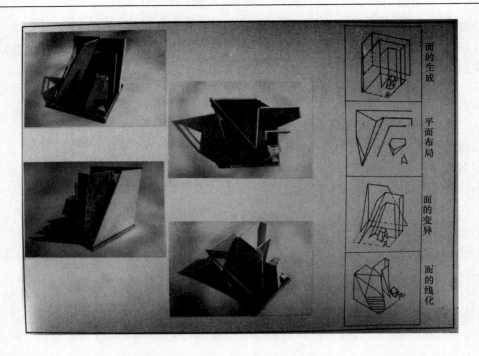

面的生成

平面布局

面的变异

面的线化

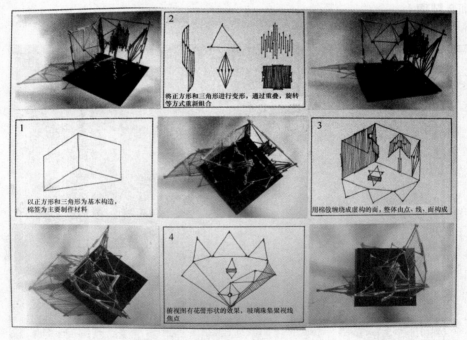

2 将正方形和三角形进行变形,通过重叠、旋转等方式重新组合

1 以正方形和三角形为基本构造,棉签为主要制作材料

3 用棉签缠绕成虚构的面,整体由点、线、面构成

4 俯视图有花蕾形状的效果,玻璃珠集聚视线焦点

# 第9章 空间设计入门

请按表9-1的教学要求，学习本章的相关教学内容。

表9-1 教学内容和教学要求表

| 教学内容 | 教学要求 |
|---|---|
| 9.1 空间构成 | 了解 |
| 9.1.1 空间的定义 | 熟悉 |
| 9.1.2 空间理论 | 掌握 |
| 9.1.3 空间的性质和分类 | 了解 |
| 9.2 空间限定 | 重点<br>掌握 |
| 9.2.1 空间限定要素 | |
| 9.2.2 空间限定方向 | |
| 9.2.3 空间的关联 | |
| 9.2.4 空间的组织 | |

## 9.1 空间构成

### 9.1.1 空间的定义

自从有了宇宙就有了空间和时间，空间是一种无形弥漫扩散的质，连续不断地包围着我们，自由和不确定是空间的特质。空间是什么？什么构成了空间？自古希腊哲学家就把空间作为探讨对象。亚里士多德开启了对空间体系化的研究，他提出空间就是一切场所的总和，具有方向和质的特性的力动场所（field）。后世的空间理论以欧几里得（Eukleides，公元前3000左右）的几何学为基础，以"无限、等质，并为世界的基本次元之一"作为空间的定义。欧几里得几何学忠实地描述了物理空间，17世纪后直角坐标体系的运用使得其理论进一步完善。19世纪后，非欧几里得几何学的诞生和相对论的提出，使空间论向前迈进一大步，空间摆脱了三度内一块块物体的观点，进一步考虑到四度空间——时间的一系列事件。20世纪以来心理学家开始研究"人的"空间问题，把人体验空间环境作为问题提出，"空间知觉"是一个复合过程，人在进行活动、观察形体、听到声音、感受阳光清风时，空间即作为一种实在的物质又作为一种不定形的东西，它的视觉样式、量度、尺度、光线特征等，都依赖于人的感知，即知觉作用。

"知觉空间对于人的同一性来说必不可少，存在空间把人类归属于整个社会文化，认识空间意味着对于空间可进行思考，理论空间则是提供描述其他各种空间的工具"（摘自《存在·空间·建筑》诺伯茨·舒尔兹著）然而人类自古以来，不只在空间中发生行为、知觉空间、存在与空间、思考空间，人类还在创造空间，所创造的空间可称为"表现空间或艺术空间"，即为了营建目的在环境中选择一个场所，把表现空间可能具有的诸特性加以体系化的空间概念。

广义的空间范畴包括建筑领域和其他艺术领域，如音乐产生的声场、绘画营建的三维空间、舞者通过舞蹈控制的领域、文学作品带给人的想象空间等。

本书重点研究的内容即为"表现空间"中的建筑室内外空间，建筑中能被人感知的空间是由多种元素、界面围合或物质介入而被限定出来的空间领域，也可以说是把存在空间具体化。例如立一面墙或者种植一棵大树，意味着不同区域的界分，给人以心理依靠或视觉屏障的作用。对于空间概念的理解和运用，应同时注意两个方面，一个方面是三度空间为基础，研究其构成的手法，另一个方面是知觉心理学为基础，注重空间体验和情感上的可接受性。个人的经验、知识和气质的不同，对空间的感受会有差异。体验空间是每一位设计师必须充分重视的经验步骤。

### 9.1.2 空间理论

空间理论是个永恒的研究课题，随着人们的认识、科技、文化的进步，对于空间会有更新的认识和理解。对于表现空间，即建筑空间，研究理论中最具指导意义的有意大利建筑历史学教授布鲁诺·赛维（Bruno Zevi）《建筑空间论》、挪威建筑师及建筑理论家诺伯格·舒尔兹撰写的《存在·空间·建筑》以及美国著名建筑理论家及城市研究学者凯文·林奇为代表的结构空间体验理论。

1. 建筑空间论

"布鲁诺·赛维是我们时代最富洞察力和最坦率的评论家。他善于洞察建筑，深入到建筑的本质，并善于把一得之见用最传神、最大胆的语言加以阐释。"——弗兰克·劳埃德·赖特（Frank Lloyd Wright）

布鲁诺·赛维在《建筑空间论》中强调了空间是建筑的主角，并运用"时间－空间"观念去观察全部建筑历史。他强调建筑实际上并非那些墙壁、屋顶，而应是这些东西所围合成的空间，从这个观点阐述了"场所"概念、"垂直性与水平性"、"前方与后方""左与右"、"中心"等基本定位。布鲁诺·赛维引用极为丰富的资料证明建筑就是为人所造的环境，对于空间的评价应看其内部是否有特质、秩序，能否激起人们愿意到其中对神顶礼膜拜、或愿意在其中闲庭信步，体验舒适、优美和高雅。

2. 存在·空间·建筑

诺伯格·舒尔兹提出建筑空间和环境空间的层次关系，并对存在空间的基本特征进行了充分的论证，即中心与场所、方向与路线、区域与领域、各要素的相互作用。并且提出"存在空间"的五个层面：地理、景观、城市、住房和用具，强调存在空间不只是作为人的需要，而是人与环境之间相互作用的结果，并以某种具体环境的（建筑的）现有结构为前提。

3. 空间体验

凯文·林奇从另一个层面提出了建筑空间与城市空间的关系，他以一个群、一个列或者一个闭合作为城市空间，这种集合体与城市形成的独特性和可识别性有密切的关系。

### 9.1.3 空间的性质和分类

纵观空间的发展历程，中西方对于空间的认识有明显的差异。西方的空间以公共生活为基点产生，从古希腊开始公共生活作为生活的主流，强调了对空间精神意义的探索，图9－1所示古希腊雅典卫城中神性空间，注重建筑外部空间。中国的空间则以"礼"为出发点建立空间的秩序和形式。自从周朝建立礼乐制度，建筑空间呈现出明显的等级划分，建筑群体关系排列严密，轴线对称，形成空间的整体节奏和群体完整性，如图 9 - 2 所示。

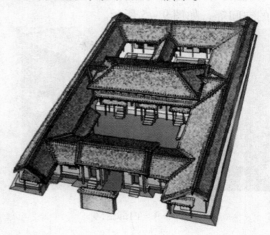

图 9 - 1　古希腊雅典建筑

图 9 - 2　中国典型古代建筑

**1. 空间性质**

不论中方还是西方空间，设计师重点关注的是使用空间，应具有交流性、场所性和安全性。

（1）交流性：美国著名人本主义心理学家亚伯拉罕·马斯洛提出人的需求理论，人除了必需的生理需求和安全需求之外，与社会交往需求是最重要的。因此设计的空间的根本属性是提供交流功能。

（2）场所性：是指在一定的环境制约下设计空间与环境的关系、设计使用属性和使用者的关系。设计空间必须要关注空间的场所性。

（3）安全性：人类从开始建造空间、设计空间，安全性始终是空间存在的一个必要条件。空间不论从物理层面还是心理层面均需要给人以安全的庇护。

**2. 空间的分类**

空间与围合它的实体相对应，有实体就有空间感。建筑空间有内外之分，但在特定条件下，内外空间的界限不是很分明，例如四面开敞的亭子、漏空的廊子等。因此根据类型对空间进行分类，通常分为三个类型：外部空间、内部空间和灰空间。

（1）外部空间：日本建筑师芦原义信在《外部空间的设计》书中定义，外部空间是由人创造的外部环境，比自然更有意义，如图 9 - 3 所示。

（2）内部空间：是人们为了某种目的（功能），用地板、墙壁和天花板等物质材料和技术手段，从自然空间中围合而成的虚空部分。内部空间对人的影响最大，如图 9 - 4 所示。

（3）灰空间：日本建筑师黑川纪

图 9 - 3　外部空间

章提出，介于室内与室外之间的第三种空间。如上述的亭子、敞廊以及处于悬臂雨篷覆盖下的空间等，如图9-5所示。

图9-4　内部空间

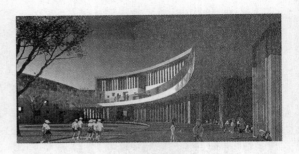

图9-5　灰空间

## 9.2　空间限定

"埏埴以为器，当其无，有器之用。凿户牖以为室，当其无，有室之用。故有之以为利，无之以为用"这是老子《道德经》中对于空间的描述，和泥做罐子，开凿门窗盖房子，均是利用实际材料围合内部能容受的空虚即空间。空间和实体互为依存，空间本是不定形、连绵不断，只有通过实体要素的限定，才能逐渐被围起、塑造，不同的实体形式给空间带来不同的艺术特点。

### 9.2.1　空间限定要素

1. 限定要素

图9-6　空间限定要素体块、板片和杆件（图片摘自《空间、建构与设计》顾大庆等著）

根据形成空间要素的基本形式特征，我们将体块、板片和杆件确定为三种基本的空间限定要素，如图9-6所示。为了充分了解每一种空间限定要素的造型潜力，设想一个相对抽象的环境中，进一步思考如何利用每一个空间限定要素生成空间，研究生成空间的特征。体块的基本形式特征是一个较大的体积，其长、宽、高三边的尺寸基本相当；板片的基本形式特征是一个平板，其两个方向的尺寸比另一个方向的尺寸明显大许多；杆件的基本形式特征则是细长的线性比例，一个方向的尺寸明显大于另两个方向的尺寸。图9-7所示为抽象化的三种限定要素。

空间限定训练即为使用体块、板片和杆件三种典型的空间限定要素，创造出尽可能多的丰富空间体验，如图9-8所示。在实际建筑造型过程中，运用体块、板片和杆件作为建筑主要造型的手法很多。图9-9所示为以体块为主的造型，图9-10所示为三者结合创建空间。

2. 限定训练的重点——空间

空间限定的过程中，体块、板片和杆件实体材料起到可知觉、直观化的积极作用，但是从使用角度来讲，依附于积极形态的空间是操作的重心，其大小、形态、比例、方向、情态、氛围都起到了积极的作用。因此，在空间限定的训练中，应该把注意力从实体转向内部和周围的虚空。如图 9-11（a）所示为利用挖空的手法对体块进行操作后，得到的材料实体对象造型，而图 9-11（b）所示为与之互补的挖空的空间的形态造型。在实际建筑中，建筑空间不论使用哪种形式要素、什么材料，其核心同样是提供不同使用功能的建筑空间。图 9-12 所示为 1929 年密斯范德罗设计的巴塞罗那德国馆，从平面可以看出设计突出板片限定要素，中间虚空的流动空间为设计的核心。

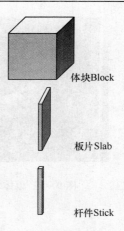

图 9-7　抽象的三种限定要素（同上）

3. 限定要素的操作手法

首先应区别上述三种限定要素与其围合的空间之间的关系。体块内部的空间和体块之间的空间，是一种互补的关系；板片之间限定出相互重叠的空间；杆件则处于空间内，有疏密不同的区分，如图 9-13 所示。

图 9-8　不同的空间（图片摘自《空间、建构与设计》顾大庆等著）

（1）体块：体块可使用挖去、推挤、位移等加法操作形成空间，也可以对若干小的体块进行堆积、组合、排列等减法操作。体块的大小和形状随体块的功能内容而定。图 9-14 所示为运用挖去的手法对体块形成的内部空间与块之间的空间进行研究，研究时注意比较空间的大小、比例、形状、连续性等方面。

（2）板片：板片可通过一定数量的板片采用特定的链接方式形成空间，也可以对一张板片进行弯折、切割、推拉等操作，如图 9-15 和图 9-16 所示。

图 9－9　以体块为主空间造型　　　　　图 9－10　三者结合空间造型

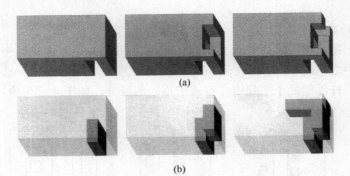

(a)

(b)

图 9－11　空间与实体的互补（图片摘自《空间、建构与设计》顾大庆等著）

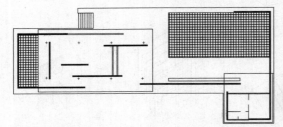

图 9－12　巴塞罗那德国馆平面

图 9－13　要素与围合的空间（图片摘自
《空间、建构与设计》顾大庆等著）

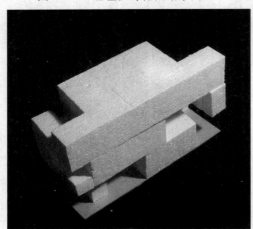

图 9－14　体块的操作

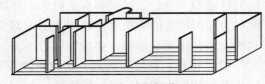

图 9－15　板片的操作（一）

（3）杆件：杆件的操作有几种，一种是以一定数量的杆件通过某种连接方式形成空间；一种是通过改变杆件之间的密度，形成如树林状的空间模式；第三种是对杆件通过弯折的操作形成空间；如图 9－17～图 9－19 所示。

图 9－17　杆件的操作（一）（图片摘自《空间、建构与设计》顾大庆等著）

图 9－16　板片的操作（二）（图片摘自《空间、建构与设计》顾大庆等著）

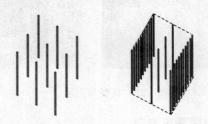

图 9－18　杆件的操作（二）（图片摘自《空间、建构与设计》顾大庆等著）

上述是分别对三种典型的空间限定要素的操作手法进行的归纳，实际的空间建构过程中绝不限于这几种。设计人员在模型训练中可以尝试新的操作手法，并不断地进行归纳总结。

4. 操作过程控制

空间限定训练的过程中应重视制作、观察和记录三种研究方法的结合运用，制作的作用在于生成，观察的作用在于分析，记录的作用在于对象之间的对比研究。图 9－20 和图 9－21 所示为以体块为例进行多种操作的手法训练的成果。

图 9－19　杆件的操作（三）（图片摘自《空间、建构与设计》顾大庆等著）

操作与观察的互动是训练中的基本态度，观察空间应该以人眼的高度来体验空间。训练中应该视点放低，一边观察一边手绘空间，研究光线和空间的关系，进而按照设计意图不断进行空间的修订与调整。图 9－22 和图 9－23 为观察与记录的过程。

图 9 – 20　制作（一）

图 9 – 21　制作（二）

图 9 – 22　观察与记录（一）

图 9 – 23　观察与记录（二）

## 9. 2. 2　空间限定方向

空间本是无限、无形态的，只有实体的限定，才有了空间的大小度量，使其形态化。限定空间一般从水平方向和垂直方向进行。在具体的建筑空间中，水平面往往是承载或者覆盖人的各项活动的使用功能区域，垂直面则一般承担着空间围护功能。面的构成是空间限定训练中的主要手段。下面以"板片"形成的面为例，阐述训练中限定方向的不同对形成空间的影响。

### 1. 水平方向

用水平方向构件限定空间常用"覆盖""凹凸"和"架起"等方法。使用不同的处理手法，水平面在空间中位置的高低变化会影响所形成空间的品质，如图 9 – 24 所示。

覆盖　　　　肌理变化　　　　凸　　　　凹　　　　架起

图 9 – 24　水平方向平面位置变化（图片摘自《建筑形态设计基础》
同济大学建筑系建筑设计基础教研室）

凸起或抬升基面后所形成的空间与周围的环境之间，在空间与视觉上的连续程度取决于基面的高程，如图 9 – 25 所示，1 图中空间区域界定良好，视觉与空间保持连续性；2 图中视觉连续性保持，空间连续性被打断；3 图中基面高程继续提升，视觉和空间连续性均被打断，水平基面下形成新的空间。

水平面也可以采取凹进或下沉的方式，下沉区域和周围地带之间的连续性，取决于高程变化的尺度，如图 9 - 26 所示，随着下沉区域高程的降低，视线连续性中断，这部分空间与周围空间的连续性逐渐减弱，但却加强了这一区域作为独立空间的感受。

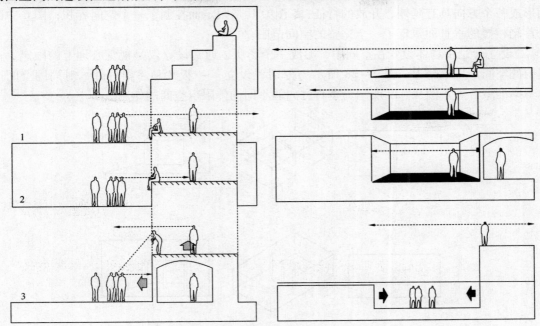

图 9 - 25　水平基面抬升的高程变化　　　　图 9 - 26　水平基面下沉的高程变化
（图片摘自《建筑：形式、空间和秩序》程大锦著）（图片摘自《建筑：形式、空间和秩序》程大锦著）

#### 2. 垂直方向

在人的视线范围内，垂直要素出现的频率高、空间限定的控制作用强。建筑中的竖直构件往往是楼面与屋面的支撑结构，起到重要的安全作用。用垂直构件限定空间的方法主要有"围"和"设立"。

"围"是空间限定典型的形式，通过围合形成空间有内外的区别，建筑设计研究的空间以内部空间为主。图 9 - 27 所示为线性垂直要素和面状垂直要素所限定的不同空间领域。1

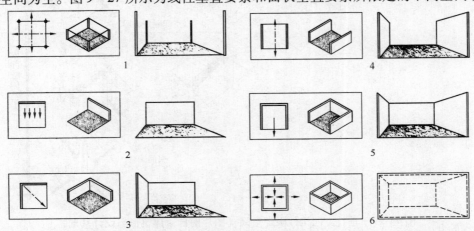

图 9 - 27　垂直要素限定空间（图片摘自《建筑：形式、空间和秩序》程大锦著）

143

图中四根线性垂直要素围合限定了一个空间的边界；2 图中独立的垂直面限定了它所面对的空间；3 图中 L 形垂直限定面所形成的空间具有明确的方向性；4 图中平行排列的垂直限定面形成一个方向具有延伸、开放的特征；5 图中 U 形限定面控制了一个空间容积；图 6 中四个首尾相接的垂直面限定了一个完整的空间范围。

"设立"是指物体设置在空间中，形成一个场所，通常设立仅是视觉心理上的限定，对周围的空间产生聚合力。图 9-28 所示为分别"设立"一板片和三根杆件，对周围空间产生不同的聚合力。图 9-29 所示为垂直方向的不同构件限定空间的作用。

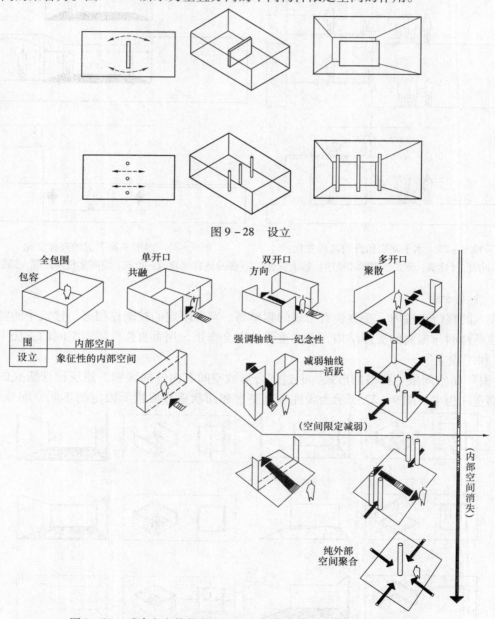

图 9-28　设 立

图 9-29　垂直方向构件限定空间（图片摘自《建筑形态设计基础》
同济大学建筑系建筑设计基础教研室）

垂直限定要素的高度也是一个关键因素，影响到空间中视觉的连续性。图 9 - 30 所示为垂直限定要素高度从 400 ~ 3000mm 逐步升高的过程中，空间围合感的变化。当高度仅为 400mm 左右时，垂直面仅仅作为限定空间的边界；当高度到达人体腰部高度时，空间围合感开始产生，并随着高度进一步提高逐

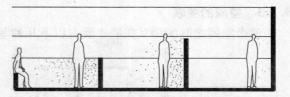

图 9 - 30　垂直要素高度变化（图片摘自《建筑：形式、空间和秩序》程大锦著）

渐强烈；当高度接近人体视线高度时，空间的完整性产生，与另一空间分隔开来；当高度超过人体身高时，两个区域的视觉和空间的连续性均被打断，空间具有强烈的围护感。

为了提供与邻近空间的连续性、视觉的连续性、光线进入、自然通风等，垂直要素上通常会开洞口。洞口的大小、位置、数量应综合考虑空间的实际使用功能，同时还应考虑垂直要素的视觉效果。图 9 - 31 所示为洞口在垂直面的中间、沿着面的一条边布置，也可以在水平面和垂直面之间竖向延伸。

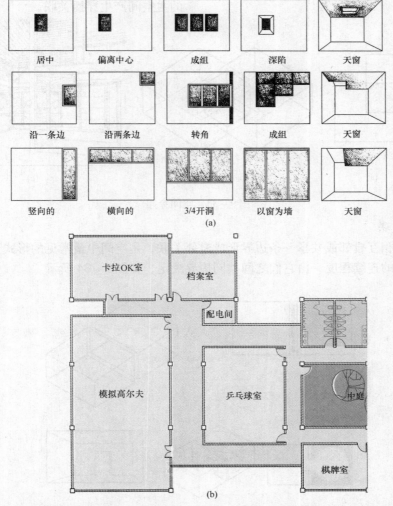

图 9 - 31　垂直要素开洞（图片摘自《建筑：形式、空间和秩序》程大锦著）

### 9.2.3 空间的关联

两个空间之间的相互关联主要有以下几种基本方式。

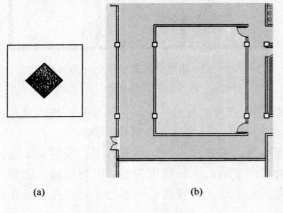

(a)　　　　　　　　(b)

图 9 – 32　空间包含

#### 1. 包含关联

一个较大的空间包含一个或多个较小的空间，两者之间容易产生视觉及空间的连续性，大空间为小空间提供了一个三维的领地。如图 9 – 32（a）所示表示包含关联示意图，图9-32（b）是建筑中大空间内的小空间。

#### 2. 穿插关联

一个空间的部分区域和另外空间的部分重叠，出现一个公共共享的空间区域，如图 9 – 33所示，图 9-33（c）所示的建筑空间中，夹层空间在水平和竖直方向均与一层的主空间产生穿插关联。

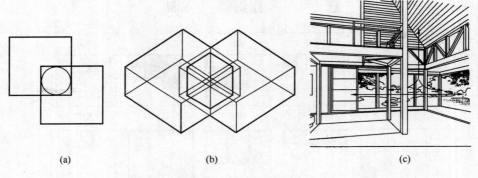

(a)　　　　　　　　(b)　　　　　　　　(c)

图 9 – 33　空间穿插

#### 3. 毗邻关联

两个空间相互毗邻或共享一条边界形成毗邻关联，是空间中最常见的形式，两个空间在视觉和空间上的连续程度，由它们之间共同边界决定，如图 9 – 34 所示。

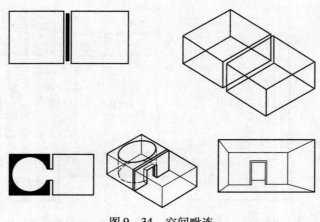

图 9 – 34　空间毗连

146

### 9.2.4 空间的组织

多个空间进行组织编排，应根据各单元的不同使用功能，同时也要考虑不同功能之间的先后次序和主从关系。以下列举几种典型的空间组织方法。

#### 1. 并列式组织

各个空间的功能相同或相近，无主从关系，形成并列空间组织。并列式组织常见有线性、放射状等形式，图 9－35 所示为线性和放射状排列，各个空间根据设计要求沿着线式排列，或者以某点为中心向外线式排列，形成重复或渐变的构成空间关系。图 9－36 所示为某老年公寓建筑的平面中应用线性排列空间形式。

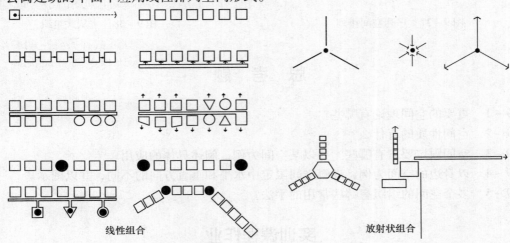

图 9－35　线性和放射排列

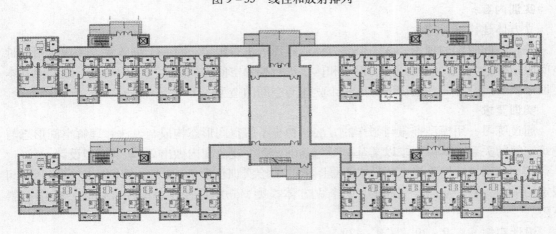

图 9－36　线性排列

#### 2. 序列式组织

各空间功能的先后次序关系明确，各部分之间是依次通过的关系，结构严谨、整体完整，形成序列空间。在进行空间操作时重点在于创造变化，如图 9－37 所示。

#### 3. 主从式组织

各空间的重要性不同，形成主从空间。图 9－38 所示为主从式组织，在一个居于中心的主导空间周围，组织多个次要空间，具体可采取对称和非对称不同的形式。

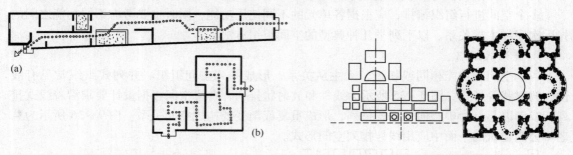

图 9 - 37　序列空间排列　　　　　　　　图 9 - 38　主从式组织

# 思 考 题

9 - 1　重要的空间理论有哪些？

9 - 2　空间性质的有什么？

9 - 3　空间限定要素有哪些？并以某空间为例，阐述具体的应用。

9 - 4　以身边的空间为例，理解空间限定中水平和垂直方向的不同，并以图示。

9 - 5　多个空间的组织有哪些常用的手法？

# 实训课程作业

**实训内容：**

立方体建构（综合）。

综合空间限定的理论，在一个立方体或矩形内进行限定，每一个训练重点考虑应用一种空间限定要素为主，使用杆件、板片和体块进行抽象空间的创造，空间内的点、线、面基本平面形式及组合方式，逐步发展成一个立体与空间的造型。

**实训要求**

通过练习，用模型推敲与制作的方法，初步了解空间形态构成与方法，理解空间形态与建筑空间的关系。具体要求以某基本型为基础，在一定范围内做出 2 ~ 3 个模型设计。

实训结束要求学生提交 2 号或 3 号图纸的手绘实训作业 1 ~ 2 张，图面应包括整套空间限定的平面、各个立面、剖面等，3 个立方体模型，分别是杆件、板片和体块，使用材料不限。

**设计实例**（图 9 - 39 ~ 图 9 - 47）

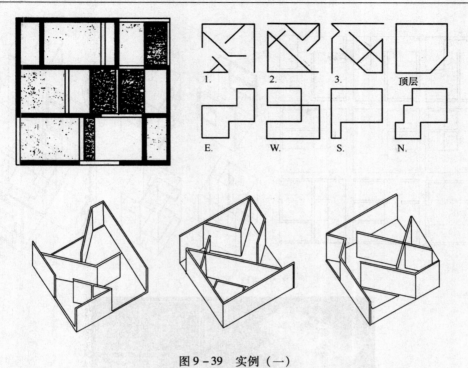

图 9 – 39　实例（一）

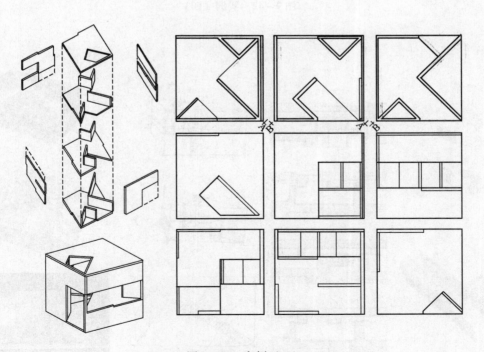

图 9 – 40　实例（二）

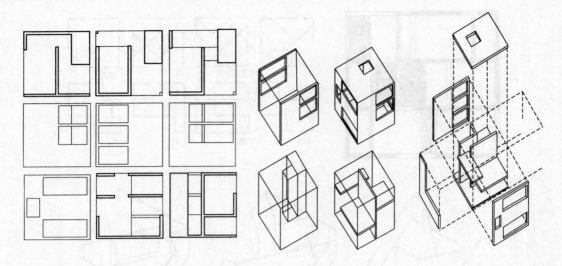

图 9 – 41 实例（三）

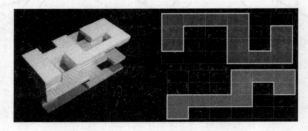

图 9 – 42 实例（四）

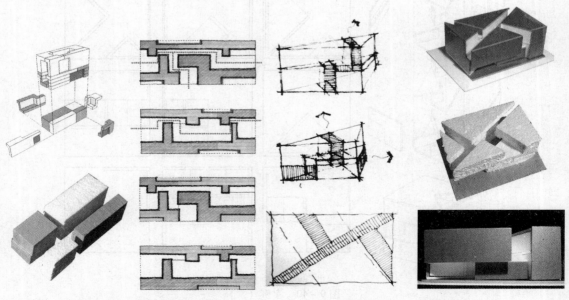

图 9 – 43 实例（五）　　　　　　　　图 9 – 44 实例（六）

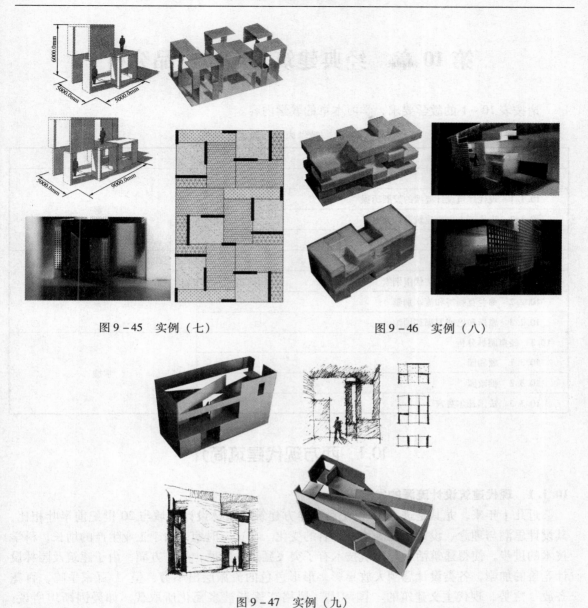

图 9 – 45　实例（七）　　　　　　　　图 9 – 46　实例（八）

图 9 – 47　实例（九）

（备注：部分实例摘自《2011 全国建筑设计教学研习班》成果）

151

# 第 10 章　经典建筑及园林作品分析

请按表 10-1 的教学要求，学习本章的教学内容。

表 10-1　教学内容和教学要求表

| 教学内容 | 教学要求 |
|---|---|
| **10.1　西方现代建筑简介** | |
| 10.1.1　现代建筑设计流派的发展历程 | 了解<br>熟悉 |
| 10.1.2　当代西方主要建筑设计流派 | |
| 10.1.3　参数化设计简介 | |
| **10.2　经典建筑分析** | |
| 10.2.1　勒柯布西耶和萨伏伊别墅 | 掌握 |
| 10.2.2　弗兰克赖特和流水别墅 | |
| 10.2.3　密斯和巴塞罗那德国馆 | |
| **10.3　经典园林分析** | |
| 10.3.1　颐和园 | 掌握 |
| 10.3.2　拙政园 | |
| 10.3.3　法国凡尔赛宫 | |

## 10.1　西方现代建筑简介

### 10.1.1　现代建筑设计流派的发展历程

近几十年来，尤其是进入 21 世纪后，西方建筑与园林设计领域与 20 世纪前半叶相比，其设计思潮与理念、设计手法等均有显著的变化。在这一时期，由于工业生产的增长，科学技术的进步，使得建筑活动与建筑技术有了突飞猛进的发展；另一方面，由于建筑及园林设计竞争的加剧，各类设计思潮大放异彩，形形色色的流派层出不穷，呈"百家争鸣，百花齐放"之势，现代主义建筑的"国际式"风格正逐渐被多元化所取代。如爱因斯坦所说："我们时代的特征是工具完善与目标混乱"，一语道破其中现状。

### 10.1.2　当代西方主要建筑设计流派

西方当代建筑思潮通常被冠以"多元论（Pluralism）"的定义，指在建筑领域中风格与形式的多样化，以获得建筑与环境的个性及明显的地区性特征。主要建筑流派有粗野主义、典雅主义、隐喻主义、高技派、新乡土派、解构主义等。

#### 1. 粗野主义

粗野主义（Brutalism）又称"朴野主义"、"野性主义"等，表达的意义有朴实、不加修饰、实事求是的意义，是 20 世纪 50 年代出现的一种思潮。其特点是在建筑材料上保持自然本色，砖墙、木梁架都以其本身质地显露出自然美感，混凝土梁柱墙面暴露在外，有时甚至保留施工时模板留下的木纹痕迹，不加任何粉饰，从而淋漓尽致地表达材料和空间的真实性，具有粗犷的性格，不矫揉造作，给人以原始清新的印象。

　　勒·柯布西耶所设计的马赛公寓就是典型的粗野主义风格，该建筑轮廓凹凸强烈，屋顶、墙面、柱墩沉重而肥大，表面保存粗糙的水泥本色，表现了混凝土塑形造型的随意性。马赛公寓的窗洞侧墙上涂有各种鲜明色彩，取得新颖的视觉效果，如图 10 - 1 所示。

(a)

(b)

图 10 - 1　马赛公寓

　　英国的著名建筑师史密斯夫妇（A. and P. Smithson）也是粗野主义的重要代表人物。史密斯曾说："假如不把粗野主义试图客观地对待现实这回事考虑进去——社会文化的种种目的，其迫切性、技术等——任何关于粗野主义的讨论都是不中要害的。粗野主义者想要面对一个大量生产的社会，并想从目前存在着的混乱的强大力量中，牵引出一阵粗鲁的诗意来"。史密斯所设计的英国亨斯特顿学校，就是其设计思想的完美体现如图 10 - 2 所示。亨斯特顿学校建成于 1954 年，构件与材料在建筑上的运用真率地表达了钢、玻璃和砖等原本的质地，并把电线和水落管也暴露在外，不加掩饰。

　　除此之外，柯布西耶设计的印度昌迪加尔高等法院如图 10 - 3 所示，保罗·鲁道夫设计的耶鲁大学建筑系馆如图 10 - 4 所示，也都是典型的粗野主义风格建筑。

图 10 - 2　亨斯特顿学校　　　　　　　图 10 - 3　昌迪加尔高等法院

## 2. 典雅主义

典雅主义（Fornalism）又称"新古典主义"、"新帕拉蒂奥主义"、"新复古主义"，是第二次世界大战后美国官方建筑的主要思潮。该建筑风格主张应讲究形式的雅趣、崇尚古典、端庄，吸取古典建筑传统构图手法，比例工整严谨，造型简练轻快，偶有花饰，但不拘于程式；以传神代替形似，是战后新古典区别于20世纪30年代古典手法的标志；建筑风格庄重精美，通过运用传统美学法则来使现代的材料与结构产生规整、端庄、典雅的安定感。

爱德华·斯通（Edward Durell Stone）设计的美国驻印度大使馆，是这一流派的代表作之一如图10-5所示。该建筑吸取了古希腊柱廊式建筑的布局手法，柱廊后面是白色的漏窗式幕墙，整体建筑端庄典雅，外观呈水平造型，材料新颖，构图简洁，重点部位进行一定的装饰。这座建筑融合古典与现代、东方与西方的建筑神韵，典雅、高贵，受到了广泛的赞誉。

图10-4　耶鲁大学建筑系馆　　　　图10-5　美国驻印度大使馆

### 3. 隐喻主义

隐喻主义又称象征主义，是后现代建筑的基本设计手法之一。其特点通过建筑师直接参照、隐约暗示等设计手法的运用，使某些特殊性建筑所要表达的个性显得更加强烈，在满足功能的基础上，重点突出其艺术造型的视觉冲击感。

著名的悉尼歌剧院即是典型的隐喻主义风格建筑，如图10-6所示。其造型富于诗情画意，外形犹如即将乘风出海的白色风帆，与周围景色相映成趣，在现代建筑史上被认为是巨型雕塑式的典型作品。歌剧厅、音乐厅及休息厅并排而立，建在巨型花岗岩石基座上，各由4块巍峨的大壳顶组成。这些"贝壳"依次排列，前三个一个盖着一个，面向海湾依抱，最后一个则背向海湾侍立，看上去很像是两组打开盖倒放着的蚌。高低不一的尖顶壳，既像竖立着的贝壳，又像两艘巨型白色帆船，飘扬在蔚蓝色的海面上，故有"船

图10-6　悉尼歌剧院

帆屋顶剧院"之称，其造型艺术上取得非凡成就。

沙利宁设计的纽约肯尼迪机场联合航空公司候机楼如图10-7所示，也都是隐喻主义建筑的典型体现。

#### 4. 高技派

高技派（High – Tech）又称"重技派"，是在建筑造型风格上注重表现"高度工业技术"的一种设计倾向。高技派主张突出当代工业技术成就，并在建筑形体和室内环境设计中加以炫耀，崇尚"机械美"，在室内暴露梁板、网架等结构构件以及风管、线缆等各种设备和管道，强调工艺技术与时代感，反对传统的审美观念，强调设计作为信息的媒介和设计的交际功能，在建筑设

图 10 – 7　纽约肯尼迪机场联合航空公司候机楼

计、室内设计中坚持采用新技术，在美学上极力鼓吹表现新技术的做法。

意大利建筑师皮阿诺（Piano）和英国建筑师罗杰斯（Richard Rogers）设计的巴黎蓬皮杜艺术中心（图 10 – 8 和图 10 – 9）最能代表高技派思潮。其设计新颖、造型特异，钢结构构架和各种设备管线全都暴露在建筑物外部，加之有透明塑料覆盖的露天自动扶梯，俨然一座化工厂外貌，成为巴黎的新地标。

图 10 – 8　巴黎蓬皮杜艺术中心

图 10 – 9　蓬皮杜艺术中心的管线

高技派风格的代表作品还有英国建筑师诺曼·福斯特（Norman Foster）设计的德国柏林新国会大厦（图 10 – 10）、香港汇丰银行总部大厦（图 10 – 11）等。

#### 5. 新乡土派

新乡土派（Neo – vernacular）是注重自由构思结合地方特色与适应各地区人民生活习惯的一种设计倾向，其最重要的代表人物就是芬兰著名建筑师阿尔瓦·阿尔托（Alvar Aalto）。阿尔瓦·阿尔托主要的创作思想就是探索民族化和人情化的现代建筑道路，他的设计作品中，常使用诸如木材、砖块、石头、铜以及大理石等天然资源，以体现古朴感和乡土气息，不浮夸、不豪华，具有独特的民族风格和鲜明的个性。例如芬兰珊纳特赛罗市政中心（图 10 – 12），建筑群采用简单的几何形式，使用红砖、木材、黄铜等，具有斯堪的那维亚特点。再如帕伊米奥结核病疗养院（图 10 – 13），该建筑细致地考虑了疗养人员的需要，每个病室都有良好的光线、通风、视野和安静的休养气氛，建筑造型与功能和结构紧密结合，

表现出具有理性逻辑的设计思想，而且形象简洁、清新，给人以开朗、明快、乐观的启示。

图 10 - 10　柏林新国会大厦

图 10 - 11　香港汇丰银行总部大厦

图 10 - 12　芬兰珊纳特赛罗市政中心

图 10 - 13　帕伊米奥结核病疗养院

6. 解构主义

解构主义（Deconstruction）是 20 世纪 80 年代中期兴起的一股新思潮，它源于晚期现代主义，并在此基础上有了新的发展。其创作思想重视"机会"和"偶然性"对建筑的影响，对原有传统的建筑观念进行消解、淡化，把建筑艺术提升为一种能表达更深层次的纯艺术，把功能、技术降低为表达意图的手段。反对整体性，重视在设计作品中差异性的存在。创作手法上，打破现代主义建筑显著的水平、垂直或简单集合形体的设计倾向，而强调结构的不稳定性和不断变化的特性，运用相贯、偏心、反转、回转等手法，使建筑具有不安定且富有运动感的形态倾向。并提出两种设计手法：颠倒和改变。颠倒主要是颠倒事物原有的主从关系；改变则是建立新观念。

屈米（B. Tschumi）设计的巴黎拉维莱特公园，是解构主义建筑的代表。屈米从法国古典园林中提取出点、线、面三个体系，进一步演变成直线和曲线的形式，各自单独成为一个系统，叠加成公园的布局结构。点就是 26 个红色的点景物（folie）；线的要素有长廊、林荫道和一条贯穿全园的弯曲小径，这条小径联系了公园的 10 个主题园；面的要素主要是 10 个主题园，包括镜园、恐怖童话园、风园、雾园、竹园等，如图 10 – 14 所示。

图 10 – 14　拉维莱特公园

### 10.1.3　参数化设计简介

信息时代，数字化技术已经广泛地渗透到设计界的各个领域，在建筑设计领域的应用已经从最早的计算机辅助演变到现在的模拟人工智能的、基于算法的参数化设计阶段。参数化设计（Parametric Design）是一种先进的建筑设计方法。该方法的核心思想是把建筑设计的全部要素都变成某个函数的变量，通过改变函数，或者说改变算法，人们能够获得不同的建筑设计方案，简单理解为一种可以通过计算机技术自动生成设计方案的方法。

参数化设计是继现代主义运动后，又一次基于技术更新的设计革命。参数化设计适合现有社会条件下复杂、多变且快速的设计环境。因此，参数化设计成为建筑设计的"高手"。图 10 – 15 所示为典型的使用参数化设计手法设计出的建筑模型。

1. 参数化设计的特点

1）方便地实现复杂有机的形式

复杂的形式往往源于方案复杂的文脉，如交织共生的功能、四通八达的流线、环境能量的有机响应等。对于设计师而言，也是一个新的设计挑战，而参数化设计便较好地应对这个挑战。

2）高效地创造多种方案选择

选择方案是每一个项目都不可避免的，是方案优化的

图 10 – 15　参数化建筑

需要。在主流经典设计方法中，建筑师总会主观按照不同的可选前提单独处理每一个选择方案，之后，还要花很大精力做筛选。然而在参数化设计中，选择方案的数目不依赖于设计时间，只要建立了参数化模型，做出 10 个选择方案的时间和做出 100 个的时间相差无几。另一方面，建筑师在建模的时候可以完全不用浪费时间顾虑当前的形式是否如意，只需关注输

入与输出之间的参数关系。一个模型的完成，就意味着一个系列的建成。

　　3）自由地交换设计信息

　　由于现代工程的分工协作越来越复杂，很多时候，一个项目的运行效率高低很大程度上取决于能否高效地在不同协作单位之间交换设计数据。例如，结构工程师可能只需要轴线模型而非面模型、工程预算师可能只需要所有构件的尺寸、设备工程师只需要某个位置的截面或剖平面等。在经典的设计流程中，每一次来自其他配合单位新的要求，就意味着建筑师需要开始一个新图的制作。建筑形体复杂时，建筑师很难保证各个图之间是否准确交接。参数化设计技术的支持下，建筑师可以通过一个参数化调控模型，导出所有的技术数据，生成各种所需的技术图纸，甚至是细部节点大样。这是在实际工程中，参数化设计最强大的特点。

　　2. 参数化设计代表人物及其作品

　　1）弗兰克·盖里

　　弗兰克·盖里（Frank Owen Gehry）1929 年 2 月 28 日生于加拿大多伦多的一个犹太人家庭，17 岁后移民美国加利福尼亚，成为当代著名的解构主义建筑师，以设计具有奇特不规则曲线造型雕塑般外观的建筑而著称。盖里的设计风格源自于晚期现代主义，充分运用参数化设计手法于其中，其最著名的代表作，是位于西班牙毕尔巴鄂的钛金属屋顶的毕尔巴鄂古根海姆博物馆，如图 10-16 所示。

图 10-16　毕尔巴鄂古根海姆博物馆

　　毕尔巴鄂古根海姆博物馆在 1997 年正式落成启用，整个结构体借助一套空气动力学使用的计算机软件逐步设计而成。博物馆在建材方面使用玻璃、钢和石灰岩，部分表面包覆钛金属。该博物馆激活了当地的经济（巴斯克省的工业产品净值因此成长了五倍之多），也为毕尔巴鄂市的旅游业带来了新生。它以奇美的造型、特异的结构和崭新的材料博得举世瞩目，被报界惊呼为“一个奇迹”，称它是“世界上最有意义、最美丽的博物馆”。

　　2）扎哈·哈迪德

　　扎哈·哈迪德（Zaha Hadid），2004 年普利兹克建筑奖获奖者。1950 年出生于伊拉克巴格达，在黎巴嫩就读过数学系，1972 年进入伦敦的建筑联盟学院（AA）学习建筑学，1977 年毕业获得伦敦建筑联盟硕士学位。此后加入大都会建筑事务所，与雷姆·库哈斯（Rem Koolhaas）和埃利亚·增西利斯（Elia Zenghelis）一道执教于 AA 建筑学院，后来在 AA 成立了自己的工作室，直到 1987 年。1994 年在哈佛大学设计研究生院执掌丹下健三教席。

　　哈迪德在设计作品中主要运用的手法就是设法在建筑空间内找到当代信息科学和电子科学的规律，以大量的资料相互作用、模拟产生效果。“流动感”在她的许多设计方案中表现得十分强烈，产生了一个散发着巨大能量的空间。她设计的空间体现了对立中的统一，虚与实、轻与重、固定与流动、开放与封闭、无光泽与透明等，是一个从塑造自然环境过程中产生的空间。

广州歌剧院是广州市新建的七大标志性建筑之一（图 10 - 17），地处珠江新城，外部形态独特，犹如一个平缓的山丘上置放的大小不同的两块石头，被形象地称为"双砾"。其中，"大石头"是 1800 座的大剧场及其配套的设备用房、剧务用房、演出用房、行政用房、录音棚和艺术展览厅；"小石头"则是 400 座的多功能剧场及配套餐厅。两者皆为屋盖、幕墙一体化的结构，整体性外壳最大长度约 120m，高度 43m。该建筑没有一个节点是相同的，仅歌剧院的钢结构——三向斜交折板式网壳，就有 64 个面，47 个转角，每一个钢件都是分段铸造再运到现场拼接，每一个节点从制造、安装均要在空中准确三维定位，如此复杂的钢结构形体在国内目前还没有先例。该建筑的设计依赖于参数化设计。

图 10 - 17　广州歌剧院

## 10.2　经典建筑分析

本节选取现代建筑代表人物，对其经典现代建筑作品进行分解、剖析，从基本建筑问题入手，全面了解和把握现代建筑大师们的建筑思想以及他们的作品、建筑特点和语言手法，建立正确的建筑观。

### 10.2.1　勒柯布西耶和萨伏伊别墅

1. 建筑师背景及作品简介

勒·柯布西耶（Le Corbusier，1887—1965）是 20 世纪最重要的建筑师之一、现代建筑运动的激进分子和主将。他和瓦尔特·格罗皮乌斯、路德维格·密斯·凡·德·罗、富兰克·劳埃德·赖特并称现代建筑派或国际形式建筑派的主要代表。

萨伏伊别墅是勒·柯布西耶纯粹主义的杰作、现代主义建筑的经典作品之一，一个完美的功能主义作品，也是勒·柯布西耶作品中最能体现其建筑观点的作品之一。该建筑位于巴黎近郊的普瓦西（Poissy），1928 年设计，1930 年建成，使用钢筋混凝土结构。柯布西耶的设计意图是用简约的、工业化的方法去建造大量低造价的平民住宅，其表现出的现代建筑设计原则影响了之后半个多世纪的建筑走向。

2. 建筑平面及功能组织

柯布西耶从平面功能组织开始设计建筑空间布局，正如他提出的理论"建筑是居住的机器"，首层是主要入口、车库和工人间；二层为起居功能空间：起居室、餐厅、厨房、卧室、卫生间和书房；三层是屋顶花园。别墅平面受古希腊神庙布局影响，建筑基数面积取 20m×22.5m 的模数，底层由 25 根间距为 4.75m 的柱网支撑，如图 10 - 18 所示。

平面布局中一层处于完全封闭的室内，解决了车库、起居室的功能。从室内坡道通向的二层平面，平面上阶梯形的铆合，一半作为私人空间使用，如卧室、洗手间；另一半为公共空间，如起居室。三层，作为别墅的顶层平面，起到连接室内外空间的作用，留有不规则形状的"天井"，对二层的采光和通风起到很大的作用，如图 10－18 所示。

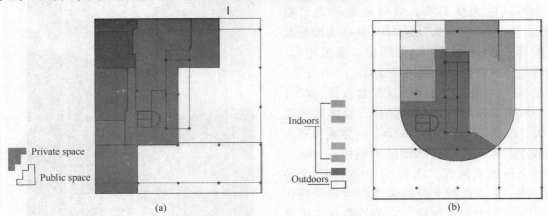

图 10－18　建筑平面及功能组织

### 3. 立面形体与结构

萨伏伊别墅宅基为矩形，长约 22.5m，宽为 20m，共三层。轮廓简单，像一个白色的方盒子被细柱支起。别墅中采用 12°基准线的理性设计和平面布局，也决定着建筑立面的窗、门的分割，是控制楼层和建筑重要节点的划分原则，如对中央坡道的坡度控制、条形窗的位置、窗格的大小、行车道的宽度等，如图 10－19 所示。基准线运用在外立面上，并按照黄金分割比例设计，使建筑局部与整体关系统一。水平长窗平阔舒展，外墙光洁，无任何装饰，但光影变化丰富。别墅虽然外形简单，但内部空间复杂，如同一个内部精巧镂空的几何体，又好像一架复杂的机器。采用了钢筋混凝土框架结构，平面和空间布局自由，空间相互穿插，内外彼此贯通。建筑整体外观轻巧，空间通透，装修简洁，与造型沉重、空间封闭、装修烦琐的古典豪宅形成了强烈对比。

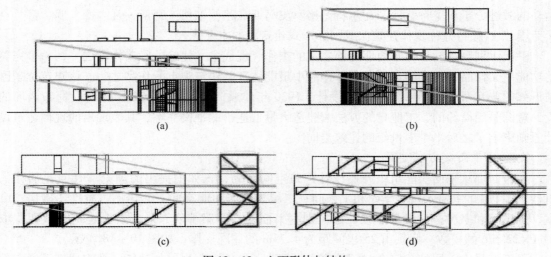

图 10－19　立面形体与结构

**4. 建筑的流线**

别墅的内部空间设计从传统的静态空间，逐渐发展到现代建筑的动态空间，即按照"空间 – 时间"的概念，在传统三维空间上增添了人在其中连续位移而产生的时间因素，使建筑空间表现出更多的自由、变化和丰富。别墅采用开放式的室内空间设计，动态的、非传统的空间组织形式，如使用螺旋形的楼梯和坡道来组织空间。坡道的使用，改变了传统建筑竖向空间的体验。沿着中央坡道向上走，从底层入口到二层，通过坡道感受空间逐步展开，光线越发明亮，空间也变得透明，如图 10 – 20 所示。

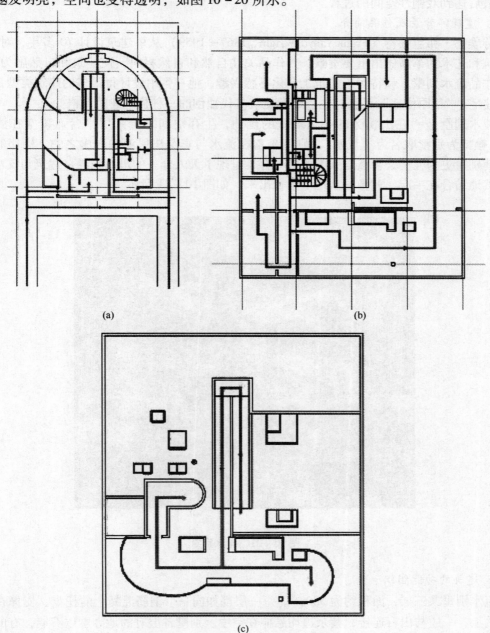

(a)　　　　　　　　　　　　　　　(b)

(c)

图 10 – 20　一、二、三层交通路线分析图

### 10.2.2 弗兰克赖特和流水别墅

劳埃德·弗兰克赖特，美国著名建筑师，其设计的建筑作品独特，富有自然特色，对现代建筑设计产生了非常大的影响，建筑空间灵活多样，既有内外空间的交融流通，同时又具备安静隐蔽的特色。建筑材料方面，他注重使用新材料和新结构，并结合传统建筑材料的优势和特点，将两者自然地结合起来。赖特对空间序列和建筑流动性有深入研究，其作品也充分阐述了由实体转向空间，静态空间到流动和连续空间，再发展到四度序列展开的动态空间，最后达到戏剧性空间的过程。

1. 建筑师背景及作品简介

劳埃德·弗兰赖特（Frank Lloyd Wright, 1867—1959）从事建筑设计 70 多年，对 20 世纪建筑和艺术的革新做出重要贡献。其作品关注自然和自然材料，使建筑和自然融为一体，代表作品流水别墅。赖特对于建筑工业化不感兴趣，他一生中设计得最多的建筑类型是别墅和小住宅，"草原住宅"是赖特在当时的建筑时代独创的一种住宅建筑风格。

流水别墅是"在山溪旁的一个峭壁的延伸，生存空间靠着几层平台而凌空在溪水之上"，赖特为别墅取名为"流水"。别墅坐落在流水与宾夕法尼亚的岩崖之中，雄伟的外部空间使别墅更为完美，自然与人类悠然共存，呈现了天人合一的最高境界，建筑与溪水、树木自然地结合在一起，就像是从地下生长出来，如图 10-21 所示。

图 10-21 流水别墅

2. 建筑的功能组织

流水别墅共三层，面积约为 $380m^2$。每一层都如同一个钢筋混凝土的托盘，支撑在墙和柱墩之上，一边与山石连接，其余边均悬伸在空中。别墅各层有的地方围以石墙，有的地方是大玻璃窗，有的地方封闭如石洞，有的地方开敞轩亮，如图 10-22 所示。

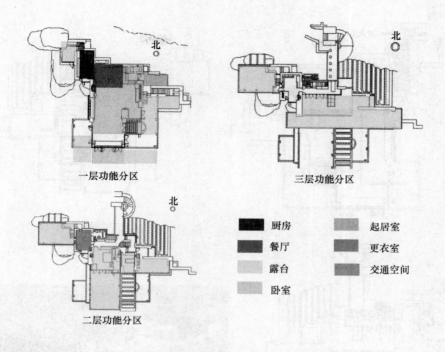

一层功能分区

三层功能分区

二层功能分区

厨房　　　　起居室
餐厅　　　　更衣室
露台　　　　交通空间
卧室

图 10 - 22　一、二、三层功能分区

### 3. 建筑形体及结构

流水别墅外形强调块体组合，使建筑带有明显的雕塑感，建筑所有的支柱都是粗犷的岩石，岩石的水平性与支柱的竖直性，产生一种明显的对抗。所有混凝土的水平构件，看来有如贯穿空间，飞腾跃起，赋予了建筑最高的动感与张力。例外的是地坪使用的岩石，似乎出奇的沉重，尤以悬挑的阳台为最。两层巨大的阳台高低错落，一层阳台向左右延伸，二层阳台向前方挑出，几片高耸的片石墙交错穿插在阳台之间，溪水由阳台下怡然流出。水平的杏黄色钢筋混凝土挑板，与从自然中生长出来的毛石墙面对立，象征自由；条形的玻璃窗削弱墙的概念，在外伸的巨大悬臂阳台下形成阴影，造成参观者视觉上的偏差，认为建筑的中心外移，溪水像是从建筑内部喷涌而出；挑板产生台阶式建筑露台空间，享受阳光普照与纯净的天空。

### 4. 建筑流线

别墅流线组织与赖特其他作品的特色一样，运用明显的空间对比，先通过一段狭小而昏暗的有顶盖的门廊，来到巨大的起居室空间，然后进入反方向的主楼梯空间，透过那些粗犷而透孔的石壁，右手边是交通空间，左手边进入起居的二层踏步，如图 10 - 23 所示。

赖特对自然光线的巧妙掌握，使别墅内部空间仿佛充满了盎然生机，光线流动于起居室的东、南、西三侧，最明亮的部分光线从天窗泻下，一直通往建筑物下方溪流的楼梯；从北侧及山崖反射进来的光线和反射在楼梯的光线显得朦胧柔美。

### 5. 建筑立面分析

走近别墅无数在视觉上引起兴趣的形状会渐次出现——从整体的叠加式框架到具有相似几何形体的门窗洞口，再细化到工艺美术式的构件及墙面装饰——均具有不同比例或距离，如图 10 - 24 所示。

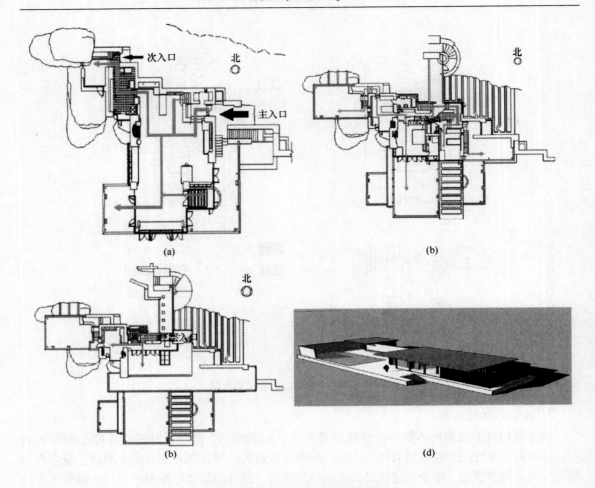

图 10 - 23　交通流线分析图

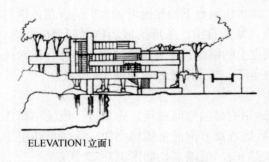

ELEVATION1立面1

图 10 - 24　流水别墅立面图

### 10.2.3　密斯和巴塞罗那德国馆

1. 建筑师背景及作品简介

路德维希·密斯·凡德罗（Ludwig Mies van der Rohe）1886 生于年德国亚琛古城，他是 20 世纪中期世界上最著名的四位现代建筑大师之一。密斯在建筑上最大的成就在于建立了"钢"建筑的新语言，并深入到建立起钢建筑体系的深度。他的绝大部分作品中，钢结构和大片玻璃墙的表现都是最精彩的亮点，提倡忠实于结构和材料，特别强调简洁严谨的细部处理。

密斯设计的西班牙巴塞罗那国际博览会中的德国馆建于 1929 年，占地 1250m²。其建造目的是显示这座建筑物本身所体现的一种新的建筑空间效果和处理手法。博览会结束时拆除，后为纪念这一作品所开创的历史，巴塞罗那德国馆于 1996 年原址重建。该建筑完全体现了密斯在 1928 年所提出的"少就是多"的建筑处理原则，建筑本身就是展品的主体。

**2. 建筑平面及功能组织**

德国馆所占地段长约 50m，宽约 25m。整个建筑立在一片不高的基座上面，其中包括了一个主厅，两间附属用房，两片水池和几道围墙。特殊的是这个展览建筑除了建筑本身和几处桌椅外，没有其他陈列品。主厅部分有 8 根十字形的钢柱，上面顶着一块薄薄的、简单的屋顶，长约 25m，宽约 14m；隔墙材料有玻璃和大理石两种，墙的位置灵活、偶然、纵横交错，有的延伸出去成为院墙，由此形成了一些既分隔又连通的半封闭半开敞的空间。室内各部分之间、室内外相互穿插，没有明确的分界，是现代建筑中常用的流动空间的一个典型。

建筑平面的确定有以下三个方面的考虑：

（1）风格派的抽象形式理念，板片布置随意，可滑移（图 10 - 25）。

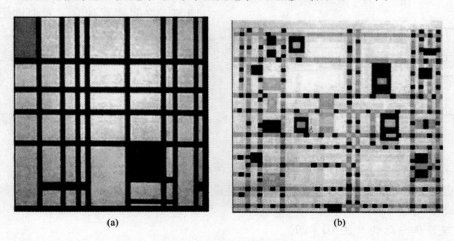

(a)　　　　　　　　　　(b)

图 10 - 25　风格派作品

（2）网格的介入限定了随意的形式化抽象元素的构建。

将 1m×1m 的网格作为基本单位，东西向 52 个网格，南北向 22 个网格。其中大水池占 20×9 个网格，而小水池则占有 11×4 个网格，如图 10 - 26 所示。

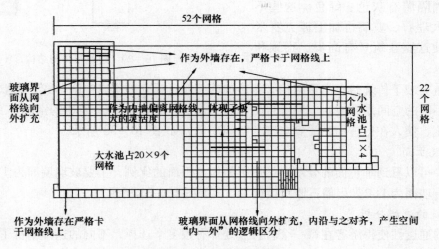

图 10 - 26　网格的控制

165

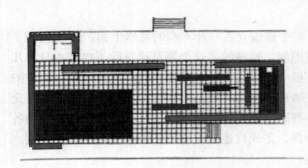

图 10 – 27 平面组织

外围墙体或玻璃严格卡于网格线上并向外扩充→定义出外墙概念并划分了内外空间→内部四面墙体均与格线偏移。

（3）平面组织和墙体布局纳入理性的控制范围之内，但仍存在抽象形式和理性布局的矛盾，如图 10 – 27 和图 10 – 28 所示。

从平面布局图中可以看出平面中的墙以一种非常自由方式相互垂直布局，墙与墙之间相互独立，看似缺乏一定的

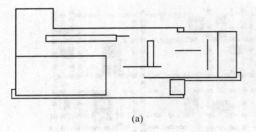

(a)

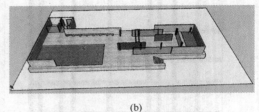

(b)

图 10 – 28　墙体布局

联系，但实际上 L 形、I 形、T 形墙之间相互穿插，形成空间的相互流动性，正是密斯所追求的"流动空间"。

3. 建筑形体与结构（图 10 – 29）

展馆体形简单，没有附加装饰，突出建筑材料本身固有的颜色、纹理和质感。建筑用料非常讲究，地面用灰色的大理石，墙面用绿色的大理石，主厅内部一片独立的隔墙特别选用华丽的白玛瑙石。玻璃隔墙有灰色、绿色。这些不同颜色的大理石、玻璃再加上镀克罗米的柱子，使这座建筑具有高贵、雅致和鲜亮的气氛。

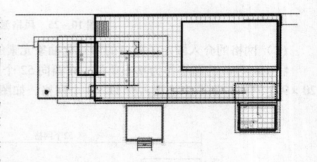

图 10 – 29　建筑形体与结构

该建筑突破了传统砖石承重结构必然造成的封闭、孤立的室内空间形式，采取一种开放的、连绵不断的空间划分方式。墙壁自由布置，形成一些既分隔又连通的空间，互相连接，以引导人流，使人在行进中感受到丰富的空间变化，如 图 10 – 30 所示。

4. 建筑立面

立面中可以看到垂直面的分割也运用了相似与平面的比例，主要玻璃墙面为 1 : 3，灰华岩、大理石墙面为 1 : 2，玛瑙石墙面接近 1 : 3，如图 10 – 31 所示。

5. 建筑的流线分析

空间的通透性使得游客在每一个转折点处都有很多个选择，不同的选择丰富了游览的路线，每个人的空间体验均不相同，如图 10 – 32 所示。

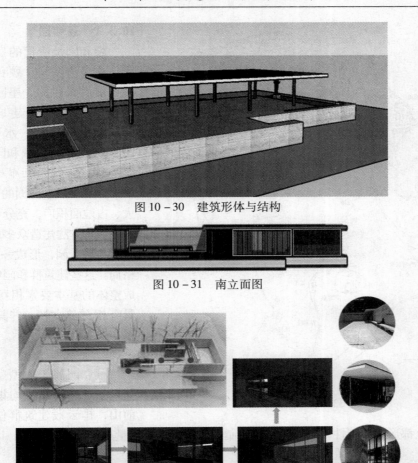

图 10 – 30　建筑形体与结构

图 10 – 31　南立面图

图 10 – 32　空间体验

## 10.3　经典园林分析

世界园林三大体系包括中国园林体系、欧洲园林体系和伊斯兰园林体系。它们同属世界园林的一部分，同为人类伟大的文化遗产，是智慧和勇气的结晶。

中国古典园林是中国建筑文化中的一大瑰宝，具有独特的艺术风格和深厚的民族文化意蕴。中国园林之美主要反映在"诗情画意"，它在构思、取材、建筑布局等方面深受中国文学、艺术的影响，形成寓情于景的特点，将人的理想、趣味和精神追求通过景物展现出来，达到"无处不可画，无景不入诗"的意境。园林的命名和对建筑、山水景色的题名及楹联、匾额等更是抒情寓意，充分体现中国传统文化的意蕴。

欧洲园林又称西方园林，主要是以古埃及和古希腊园林为渊源，分为法国古典主义园林和英国自然风景式园林两大流派，以人工美的规则式园林和自然美的自然式园林为造园风格，思想理论、艺术造诣精湛独到。

中国园林的精髓是追求"自然的本质"，西方几何规则式园林则强调"秩序和控制"。下面节选三个中外著名的经典园林进行分析和阐述。

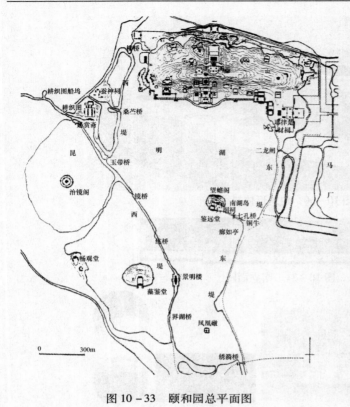

图 10-33 颐和园总平面图

### 10.3.1 颐和园

颐和园是清代的皇家花园和行宫，前身清漪园，颐和园是三山五园中最后兴建的一座园林，始建于1750年，1764年建成，面积290公顷（4400亩），水面约占3/4，图10-33所示为颐和园总平面图。

**1. "集锦式"布局**

颐和园属于苑囿的一种，规模宏大、占地面积广，充分利用环境特点运用人工方法建造众多的风景点、建筑群与园中园，形成一种"集锦式"格局。这些建筑群和园中园，作为构成整体的基本要素相互制约、呼应，具有相对独立性，并具有巧妙的联系，如图10-34所示。

**2. 主从与重点**

颐和园属于大型皇家苑囿，主要风景点和建筑群均集中于万寿山前山，排云殿建筑群位于中央，平面和立面上都形成控制性轴线，是园林中制高点。建筑群体量高大、严整对称，以佛香阁作为

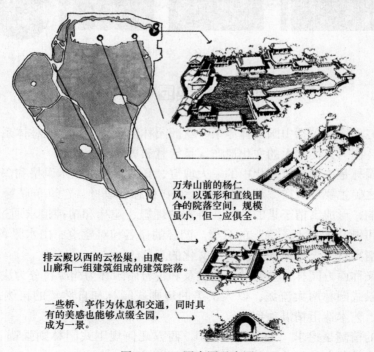

万寿山前的杨仁风，以弧形和直线围合的院落空间，规模虽小，但一应俱全。

排云殿以西的云松巢，由爬山廊和一组建筑组成的建筑院落。

一些桥、亭作为休息和交通，同时具有的美感也能够点缀全园，成为一景。

图 10-34 园中园示意图

终点结束，具有大气磅礴的气势，控制全园，如图 10-35～图10-38所示。

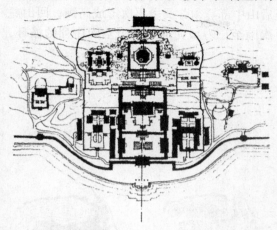

图 10-35 万寿山建筑群平面控制线

图 10-36 万寿山建筑群立面控制线

图 10-37 万寿山建筑群侧立面图

### 3. 空间对比

颐和园入口部分安排处理朝政的仁寿殿，继而有寝宫仁寿殿和玉兰堂，均采用传统四合院模式，空间严整、封闭。穿过这些空间来到昆明湖畔，顷刻间大自然的湖光山色尽收眼底，视野肆意驰骋，不受局限。两者空间相互对比和衬托，使空间富有变化，充满人情味，如图 10-39 所示。

### 4. 虚与实

颐和园昆明湖水面面积约 220 公顷，万寿山东西绵延约 1000m，高 60m，万寿山山体之实与昆明湖水体之虚形成强烈虚实对比关系，如图 10-40 所示。

### 5. 空间序列

空间序列组织是指人们行走的过程中把各个景物连贯成完整的空间序列，因此空间序列的形成源于全园游览路线的组织。颐和园的空间序列和脉络较分明，入口部分作为序列的开始和前奏，由一系列四合院组成；

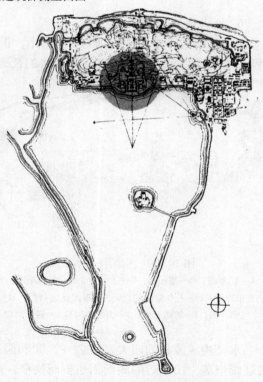

图 10-38 昆明湖景观视线分析图

出玉兰堂至昆明湖畔空间豁然开朗；过乐寿堂经长廊引导至排云殿、佛香阁达到高潮；由此返回长廊继续往西可绕到后山，则顿感幽静；至后山中部登须弥灵境再次形成高潮；回山麓继续往东可达到谐趣园，似乎是序列的尾声；再次南至仁寿殿完成一整个空间序列的循环，如图10-41所示。

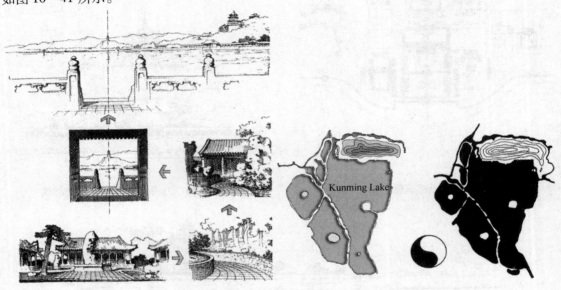

图10-39　空间对比示意图　　　　图10-40　万寿山与昆明湖虚实对比关系

#### 6. 堆山叠石和理水

颐和园乐寿堂庭院的南面为水木自亲，正对着它的北侧入口处设置一块扁平而巨大的山石"青之釉"，似一面屏风挡住了进门宾客的视线，使院内景物不致一览无余，如图10-42所示。

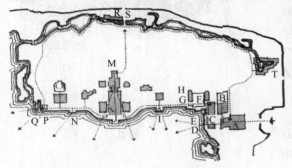

图10-41　空间序列示意图

A—仁寿殿；B—德和园；C—玉兰堂；D—昆明湖畔；E—
去乐寿堂；F—乐寿堂庭院；G—长廊起点邀月门；H—去
佛香阁；I—俯瞰全园；J—去智慧海；K—转至后山

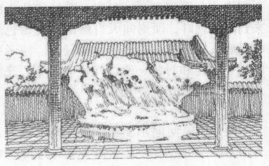

图10-42　青之釉

水是构成园林的四大要素之一。颐和园采用"水包围陆地"的形式，万寿山前的昆明湖辽阔坦荡，山之后的湖面则曲折而狭窄，前山后山的景致迥异，构成强烈的对比。佛香阁高台上看昆明湖：汪洋千顷，碧波浩荡，辽阔开朗至极，如图10-43所示。

转至万寿山后，成了另一片天地，平坦开阔之感消失，曲径通幽的意境油然而生，如图 10 – 44 所示。

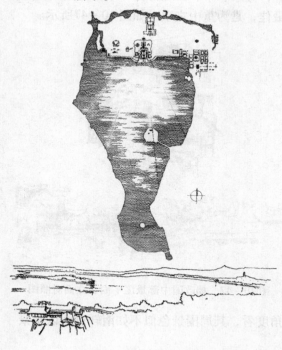

图 10 – 43　昆明湖景观

图 10 – 44　后山水体景观

**7. 花木配置**

颐和园中的谐趣园中，游廊连接建筑形成界面，空间中广种密植的乔木，将下半部分密实的界面向上延伸形成一段稀疏的界面，有效增强空间围合感，如图 10 – 45 所示。

### 10.3.2　拙政园

拙政园位于苏州娄门内东北街，始建于明正德初年。园主人王献臣字敬止，弘治六年（1493 年）进士，历任御史、巡抚等职，因官场失意，卸任还乡，居住于拙政园。

**1. 拙政园的总体布局**

拙政园中部及西部平面图，如图 10 – 46 所示。

**2. 主从与重点**

主从分明、重点突出是达到统一必须遵循的原则。西方古典建筑和我国传统的宫殿、寺院建筑都遵循这一原则。中国园林则不然，重点突出这一原则在中国园林中通常是比较含蓄、隐晦的表

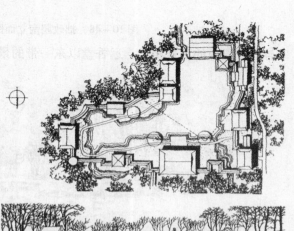

图 10 – 45　谐趣园示意图

现。对于某些大型私家园林来讲，还不能停留在把两个相对独立的部分整个地当做全园的重点和中心来对待。例如拙政园，属于大型私家园林，分东、中、西三部分，中部为全园重点景区。在这一部分中，又以南轩及其以西的水景最佳，是为重中之重，如图10－47所示。

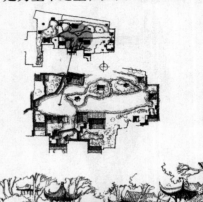

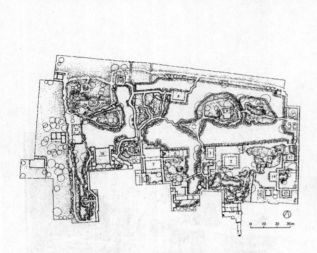

图 10－46　拙政园中部及西部平面图　　　　图 10－47　拙政园中部景区平面、立面对照图

　　远香堂属于园中最大的厅堂，但从园林观景角度看，其周围景色似不如南轩以西以水景为主题的景色更富有变化，如图10－48所示。

图 10－48　拙政园南立面图（远香堂部分）

　　与南轩以西的水景相比，远香堂以东一带的景色也略显平淡，如图10－49所示。

图 10－49　南轩以西水景效果图

**3. 空间对比**

拙政园因处于市井，只能在有限的范围内经营，为了求得小中见大，以欲扬先抑的方法组织空间序列，在进入院内景区之前安排若干小空间，这样可借两者对比突出园内主要景区。步入园内先经过一处狭窄而悠长的空间，视野被极度压缩，光线微弱，甚至有沉闷、压抑之感，但当走到尽头时顿觉柳暗花明。正像陶渊明在《桃花源记》中所写"林尽水源，便得一山，山有小口，仿佛若有光，便舍船从口入，初极狭，才通入，复行数十步，豁然开朗"。

**4. 疏与密**

所谓"疏处可以走马，密处不使透风"是指极强烈的疏密对比。拙政园内建筑分布极不均匀，有些地方极其稀疏，有的地方则十分稠密，形成强烈对比，使人领略到一种忽张忽弛、忽开忽合的韵律节奏感。

**5. 空间序列**

一些大型的私家园林，空间组成极其复杂，其整体空间序列往往可以划分为若干相互联系的"子序列"。拙政园由旧时三个独立的园所组成，经一度改建成现状，园的中、西两部分可归并在环形空间序列的范畴之内，从而分别按顺时针或逆时针两条路线来分析各个景之联系，如图 10－50 所示。

**6. 堆山叠石**

山石、建筑、水体、花木是构成古典园林的四大要素，古典园林中的山石是对自然山石的艺术描摹，称之为"假山"。假山有不同的功能，如拙政园腰门入口处的怪石，起到障景阻碍视线的作用；有的划分空间，如拙政园中部景区的大型假山，如图 10－51 所示。

**7. 庭园理水**

《园冶》相地一文中有"疏水之去由，察水之来历"，水体要相通、要萦回，岛屿间列，小桥凌波，营造山野气息。拙政园的理水之道利用分散用水的方法使水陆回环萦绕，给人以来去无源，不可穷尽之感，如图 10－52 所示。

**8. 花木配置**

拙政园听雨轩庭院，院内一角遍植芭蕉，借雨打芭蕉而产生的声响效果来渲染雨景。此外还有桂花、玉兰、桃、

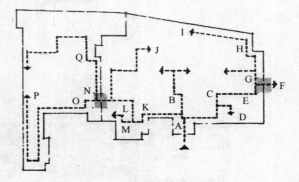

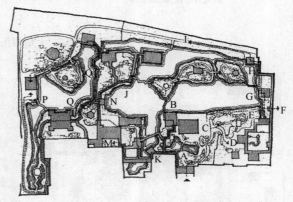

图 10－50　拙政园空间序列示意图

A—入腰门看到远香堂；B—过远香堂看中部重点景区；C—向东至倚秀亭；D—向南进枇杷园；E—进入海棠春坞；F—通往园的东部；G—向北至梧竹幽居；H—往北至绿漪亭；I—自北向西至见山楼；J—经柳荫路曲至见山楼；K—向西至松风亭；L—向北至香洲；M—往西至玉兰堂；N—通往园的西部；O—出别有洞天进三十六鸳鸯馆；P—至留听阁

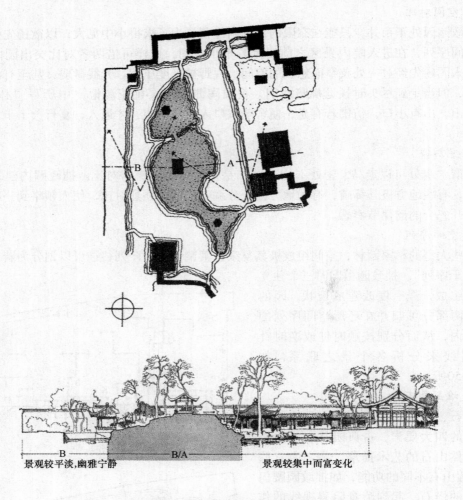

景观较平淡,幽雅宁静　　　B/A　　　景观较集中而富变化
　　　B　　　　　　　　　　　　　　　　　　　　A

图 10－51　大型假山平面和断面图

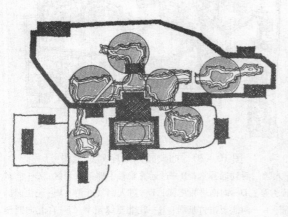

图 10－52　拙政园分散水体示意图

竹等以作陪衬,使四季均有变化,如
图 10－53 所示。

　　拙政园雪香云蔚亭,位于园内一个小丘
上,正对着远香堂,被腊梅包裹,春寒料
峭,正值腊梅盛开之时,沁人心脾的梅香渗
透进瑞雪中,为园中最佳的冬景观赏点,如
图 10－54 所示。

　　拙政园中另一处为赏荷而建的远香堂,
夏季当时,荷叶田田,莲花绽放,随着微风
送清香入厅堂内外,是为"远香益清",如
图 10－55 所示。

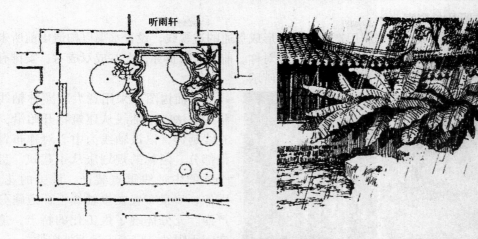

图 10－53　听雨轩示意图

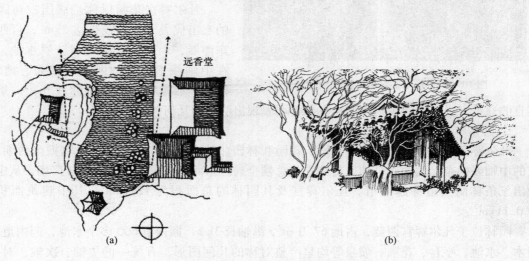

(a)

(b)

图 10－54　雪香云蔚亭示意图

图 10－55　远香堂、雪香云蔚亭与荷花池

### 10.3.3　法国凡尔赛宫

法国园林的特点是善于利用宽阔的园路形成贯通的透视线，设置水渠以构造出前所未有的恢宏园景。整体布局上显得整齐、均衡、对称、前后一线贯穿，左右成双成对，安排有组织、有比例、有秩序、有规律，如图10-56所示。

图 10-56　凡尔赛宫平面图及周边环境

平面构图上采用意大利园林轴线对称的手法，主轴线从建筑物开始沿一条直线延伸，以该轴线为中心对称布置其他部分。园林的规划服从于建筑。贯穿全园的中轴线重点装饰，最美的花坛、雕像、喷泉布置在中轴线上，道路分级严谨。充分体现了人工化的特点，追求空间无限性，广袤旷远而外向性。

凡尔赛宫花园堪称是法国古典园林的杰出代表。中轴线长达3km，自西向东伸展，十字形水渠及阿波罗水池，都在中轴线上，中轴两侧的喷泉、植坛、池沼、雕像等，一一对称展开，一条条笔直的通道，呈直角或锐角相交，其总平面表现出明确的几何关系。

#### 1. 总体布局

凡尔赛宫苑可分为三部分：宫殿、花园和林园。整个宫苑东西向布局。宫殿坐西朝东，它的中轴线向东、西两边延伸，贯穿并且总领全局。东面庭院东入口处有军队广场，从中放射出三条林荫大道穿越城市。凡尔赛宫及其园林的总面积为 $1.11km^2$，其中建筑面积只占 $0.11km^2$。

园林位于凡尔赛宫西侧，占地67万 $m^2$，纵轴长3km，园内有600多个水池，园内道路、树木、水池、亭台、花圃、喷泉等均呈严整对称的几何图形，有统一的主轴、次轴、对景，整体园林布局整齐划一。园中道路宽敞，草坪树木修剪齐整，喷泉、雕塑随处可见。两条长一千多米、宽几十米的大小运河呈十字交叉状贯穿园林，为皇家花园增添了天然氛围。

#### 2. 主从与重点

凡尔赛宫以古典主义设计手法采用中轴线的艺术处理，轴线是景观序列的展开线。轴线也是一条视觉轴线，最华丽的植坛、最辉煌的喷泉、最精彩的雕像、最壮观的台阶等都首先集中在轴线上或者靠在它的两侧，反映了绝对君权的政治理想，分清主从，如图10-57所示。

#### 3. 空间疏密对比

空间有开敞的和郁闭的，这种空间的疏密对比关系突出中轴线，主次分明，反映了理性主义的严谨结构和等级关系。

图 10-57　中央主轴线

凡尔赛宫苑的轴线上是开敞的，尤其是极度开阔的主轴线，两旁是非常浓密的树林，不仅形成花园的背景，而且也限定了轴线空间。而树林里面，隐藏着一些小的林间空地，布置有可爱的丛林园，浓密的林园反衬出中轴空间的开阔。这种空间的对比非常强烈，效果突出。

运河是凡尔赛宫园林中最壮观的水景，也是控制其园林空间的一个重要部分。十字形大运河将整个地块分开成 4 部分。运河所处地区比较空旷，只在北部设有皇家广场，东部辟为特里阿农区。在运河周围围绕该形式变化多样的道路，特别是在运河的横臂处，原本延伸的两个道路被阻断，由沿轴线的纵向行走改为绕向横轴两端，然后通过几次变换方向，回到轴线上。运河的清晰划分以及与斜向纵横道路的相互关联，使得这样一片空旷的区域与南部有较大的疏密对比，多样而富于变化，如图 10 - 58 所示。

4. 空间序列

每个园林由于用地形状的不同、地形的差异、轴线的位置和数量也有所不同。主轴是园林中最精彩最壮观的部分，也是透视最深远的轴线。主轴垂直于宫殿，是纵轴，还有 1 ~ 2 条横轴与主轴垂直相交，有时候还会有平行于主轴的次轴线。

凡尔赛宫园林是规则式园林，整个园林及各景区景点皆表现出人为控制下的几何图案美。园林题材的配合在构图上呈几何体形式，在平面规划上多依据一个中轴线，在整体布局中为前后左右对称，如图 10 - 59 所示。

图 10 - 58　凡尔赛宫运河

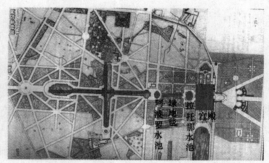
图 10 - 59　主轴与横轴

5. 庭园理水

水的装饰作用包含了很多内容：丰富色彩，倒映周围环境中的天、云、树、屋等；活跃空间，水有动静，有声，有泉、瀑、面、点、柱多种形态。凡尔赛宫花园是法式园林中的代表作，水体由人工大运河、瑞士湖和大小特里亚农宫组成。在理水方面，主要采用石块砌成形状规整的水池或沟渠，并结合水景，设置了大量精美的喷泉，如图 10 - 60 所示。

6. 花木配置

凡尔赛宫苑采用多种方式进行植物造景，按照造型艺术的基本原则，即多样统一，对比调和，对称均衡和节奏韵律。其中常绿树种在设计中占据首要地位。其非常独特之处在于大规模地将成排的树木或雄伟的林荫树用在小路两侧，加强了线性透视的感染力。

凡尔赛宫苑的大林园栽植高大的乔木，植物配置多采用对称式，株、行距明显均齐，花木整形修剪成一定图案，园内行道树整齐、端直、美观，有发达的林冠线。花园内的树篱是花坛与丛林的分界线，形式规则，且相互平行，栽种密，不能随意穿越，而另设有专门出入口。树篱常用树种有黄杨、紫杉、米心树等。

(a)

(b)

(c)

图 10 – 60　大运河及喷泉

# 思 考 题

10 – 1　简述当代建筑设计的主要流派有哪些？其各自的设计思想主张是什么？代表作有哪些？

10 – 2　萨伏伊别墅体现了现代建筑的哪些要点？

10 – 3　简述颐和园的空间布局特点。

10 – 4　简述拙政园的理水特点。

10 – 5　简述凡尔赛宫苑与中国园林的异同。

# 第 11 章　小建筑及园林设计

请按表 11 - 1 的教学要求，学习本章的相关教学内容。

表 11 - 1　教学内容和教学要求表

| 教学内容 | 教学要求 |
|---|---|
| 11.1　认识建筑及园林设计 | 了解<br>熟悉 |
| 11.1.1　建筑设计 | |
| 11.1.2　园林设计 | |
| 11.2　设计前期工作 | 了解<br>熟悉 |
| 11.2.1　解读设计任务书 | |
| 11.2.2　设计信息的收集与分析 | |
| 11.3　设计程序与过程 | 重点<br>掌握 |
| 11.3.1　设计的立意与构思 | |
| 11.3.2　方案的建构 | |
| 11.3.3　设计方案的比较与完善 | |
| 11.4　方案设计案例 | 掌握 |
| 11.4.1　设计题目"某学院南大门及周边环境设计" | |
| 11.4.2　设计题目"茶艺馆设计" | |

## 11.1　认识建筑及园林设计

### 11.1.1　建筑设计

建筑设计是指对建筑群或者建筑单体进行功能布局、空间造型等综合设计，使其满足使用者对于建筑室内外空间的使用、管理、审美等各方面的需要。

建筑设计是一个创作过程，包括三个阶段：方案设计、初步设计和施工图设计，即从业主提出建筑设计任务书一直到交付建筑施工单位开始施工全过程。这三个阶段相联系，相互制约，同时又有着明确的职责划分，方案设计作为建筑设计的第一个阶段，主要职责是确定设计思想和意图，并将其形象化，在整个设计环节中起开创性和指导性作用。初步设计与施工图设计是在方案设计的基础上落实其经济、技术和材料等多方面物质需求，将设计意图逐步转化成真实建筑的重要筹划阶段。

1. 建筑设计的特点

1）多学科交叉

建筑是一门与多种行业、学科有联系的综合性学科，建筑设计也是综合性很强的工作。建筑设计受到多种条件约束，如表 11 - 2 所示。为了更好地在设计中解决这些约束条件产生的问题，建筑设计过程中必定需要运用多学科的知识。

表 11 - 2　建筑设计的约束条件

| 1 | 社会人文环境 | 社会环境，历史环境，科学技术，美学观念，相关法规 |
|---|---|---|
| 2 | 自然物质环境 | 地形条件，地质条件，土地利用，气候条件，原有建筑，交通状况 |
| 3 | 建筑功能要求 | 生理功能，工作功能，居住功能，社交功能，休憩功能，交通功能 |
| 4 | 经济技术条件 | 经济条件，结构技术，设备技术，建筑材料，施工体系 |

首先，建筑设计过程中运用建筑学专业知识和技能，解决建筑与环境的依附关系，处理建筑内部复杂功能的有机关系、形体与功能空间的统一关系及细部与整体的关系等。

其次，还需运用结构工程学解决建筑结构体系问题，保证建筑方案能够达到建造要求；运用建筑材料学知识，根据材料的性能、质感及适用条件，使建筑围护材料更好地表达设计意图；运用建筑物理学知识处理建筑内部声、光、热等技术问题；运用建筑历史学科的知识传承人类文化，记载文明的烙印；运用建筑美学创造出符合美学原则、适应人们审美标准的建筑形象；运用经济学原理把握好面积定额、设计标准、造价控制等经济问题；运用造园学原理营造自然和谐的景观环境等。此外环境生态学、心理学、行为学、社会学和哲学等不同学科的知识都可能在建筑设计过程中体现出来。

2）空间与环境的建构

建筑设计是为人类创造适宜的空间和环境。大到区域规划、城市规划、城市设计、群体设计、单体设计，小到室内设计、陈设设计、视觉设计等，空间都是设计的主旨。

建筑空间的组成包含两大要素：物质要素和空间要素。

（1）物质要素：建筑是由物质材料建构起来的，不同的物质要素在建构空间中有不同的作用。如墙体具有承重作用，也起到了围合空间、限定空间的作用；楼板承受水平荷载，还分割上下垂直空间；楼梯、台阶起到连接上下空间的作用；门窗洞口既分割空间又联系空间；梁、柱等结构部件则是建构建筑空间骨架的支撑体系。建筑空间的创造通过这些物质要素合理地建构在一起，以取得特定的使用效果和空间艺术效果。

（2）空间要素：不种类型的建筑空间组成及空间功能存在着普遍性和共同性。建筑空间均有基本使用空间、辅助使用空间和交通空间组成。例如，影剧院建筑中观众厅、舞台是基本使用空间，售票室、放映室、化妆间等是辅助使用空间。博览类建筑中陈列厅、展厅等是基本使用空间，纪念品销售、服务用房等是辅助使用空间。

设计者应大量推敲不同空间的体量、尺度、比例等细节，使空间形态更加完善。同时运用空间的色彩、光线、材质等设计要素，把握空间环境给人们带来的空间感受、精神体验，如庄重、肃穆、宁静、喧闹、愉悦、恐怖、温馨、冷漠等。

3）人性化的生活设计

建筑为人建、为人所用，从原始社会最初的遮风避雨、防寒避暑、防御野兽、抵抗敌侵的庇护所，到现代工业社会各种类型的公共建筑，建筑从满足人基本的物质需要发展到同时满足人精神方面的需求。建筑空间不只是为人提供使用的可能，还影响并体现着人的行为习惯和方式。因此，建筑设计也是一种人性化的生活设计。

设计不同类型的建筑，就需要了解在不同类型建筑的中人们是如何使用、如何运行管理的。优秀的建筑设计不是脱离实际的想象或灵感的迸发，而是源于对生活的独特而深刻的理解，源于建筑师观察事物、观察人和观察形形色色的人的行为；源于对所有的解决矛盾的可能形式有深刻的理解；源于设计师文化历史的底蕴和丰富的创作经验。

2. 建筑方案设计

方案设计是建筑设计的最关键环节，其成果直接影响后续工作，决定设计的成败。建筑方案设计是通过设计者的设计思想和意图，把建筑使用功能的要求转化到具体对象上，并将其形象化的过程。

建筑方案设计主要解决建筑和场地的关系、功能和形式的和谐、建造手段和形式表达的统一，用人们可以读懂的逻辑设计形式、可以理解的形式语言传达设计思想。

1）建筑方案设计的特点

（1）开创性：建筑方案设计对于整个建筑设计是一个开创性的工作。"万事开头难"难就难在建筑方案设计开始是从无到有，从概念到具体的零起步的状态。

（2）探索性：建筑方案设计的过程没有捷径，需要依据建筑设计的基本原理，尝试采用多种建筑设计手法，运用多种建筑语汇，试图寻找出更加合理有效的设计思路，择优选择最佳方案。

（3）基础性：建筑方案设计通过艰苦的探索过程所得到的方案结果，仅仅是建筑设计整个过程中的阶段成果。建筑方案不能作为建造的蓝本，但是对于后面的设计阶段是基础性和指导性的。因此，设计师要保证建筑方案设计的成果有较强的可操作性，并对未来可能会面临的问题具有预见性。

2）建筑方案设计的任务

（1）协调建筑与环境的关系：建筑存在于特定环境中，处理好建筑与环境的关系是建筑方案设计的重要任务。无论是建筑与自然环境、城市环境的关系，还是拟建建筑与周围原有建筑的关系都应找出合理的处理方式。

（2）确定平面功能组合关系：每一栋建筑都是由若干功能区和若干房间组成，不同类型的建筑，其功能房间的组合关系有不同的组合规律。方案设计就是要寻找出特定的满足人们使用的功能组合关系，用图示的语言表达出来。

（3）提出空间建构的基本设想：建筑的灵魂是空间。方案设计的空间形式无论是外部造型还是内部空间，既要能合理地容纳功能内容，又能够体现建筑的形式美原则，并具有创新性。

（4）选择合理的结构形式：建筑的空间和形体都需要结构的支撑，建筑方案设计的任务是事先为结构设计提供合理的结构选型和结构布置尺寸，以此作为建筑设计方案定型的依据。

（5）推敲建筑艺术的细部处理：建筑是技术和艺术的综合体。设计师必须对建筑的界面、空间组成的各个要素进行艺术推敲，使之符合人们审美的标准。

上述各项建筑方案设计任务不是孤立的，在实际创作过程中各项任务相互关联、叠加。

3）建筑方案设计的成果

建筑方案设计主要成果包括设计说明、总平面图、各层平面图、剖面图、立面图、效果图以及成果模型，图 11-1 所示为某茶室设计表达示意图。

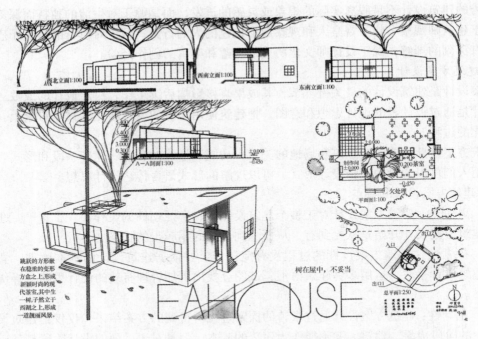

图 11-1 某茶室设计（图片摘自《建筑设计进阶教程设计初步》
浙江大学建筑系、二年级教学组著）

（1）设计说明：阐述设计任务书和其他依据性资料中与建筑设计有关的内容，根据城市规划、环境保护的要求，阐述建筑物对噪声控制、采光、通风、日照、温湿度、防火、节能及其他特殊要求，说明方案设计立意、设计手法、方案特点、功能分区、交通流线组织、主要技术指标、主要建筑结构形式以及其他需要加以说明的设计问题等。

（2）总平面图：反映建筑基地内环境设计的内容，全面表达建筑所在地段的位置及其周边的关系、基地与城市道路的关系、基地内主要出入口、室外环境与地形的结合、广场景观设计、停车场布置、标注建筑层数、建筑主要入口和指北针等。

（3）平面图：表达建筑方案各层平面的功能布局以及它们之间的关系。首层平面要清楚表达与环境的关系和内外空间的联系。设计中考虑无障碍设计，注意高差、坡道的设计。制图要求表达各层标高；建筑的内部空间如门厅空间，特色空间，景观空间，过渡空间等要表达清楚；卫生间，楼梯间等特殊空间的表达要求详细、准确。注意制图，线型，字体，位置，在合理的位置进行剖切，充分表达空间层次。

（4）剖面图：表达该设计项目的内部空间形态变化以及外部形体的高低起伏，同时清晰地表达结构构成的逻辑性和重要节点的构造样式。剖切位置的选择要求在高差和空间变化丰富处，如门厅、楼梯等特殊部位。制图要求建筑结构选型的准确表达，如：梁、板、柱的关系，室内外空间联结处以及女儿墙、檐口的正确表达；注意标注标高等问题。

（5）立面图：显示建筑外表的式样、材质、色彩、装饰灯综合艺术效果。注意立面与立意的关系，制图要求清晰表达建筑形体的前后关系（阴影、线型、配景），还包括主入口处理方式及门窗设计等内容。

（6）效果图：徒手或计算机辅助绘制建筑表现图，添加建筑配景，较为真实地表达建筑外部场景，使人们对室内外空间有更直观的了解。

（7）成果模型

使用一定的材料制作三维立体的建筑形象与景观环境，帮助人们理解设计意图并直观地鉴赏设计成果。

**11.1.2　园林设计**

园林方案设计作为园林设计的第一阶段，对整个设计过程起到指导性作用，该阶段的工作主要包括立意、功能分区、空间及视觉构图确定，以及交通的布置、广场与停车场地的安排、建筑及入口的确定等内容，如图 11－2 所示。

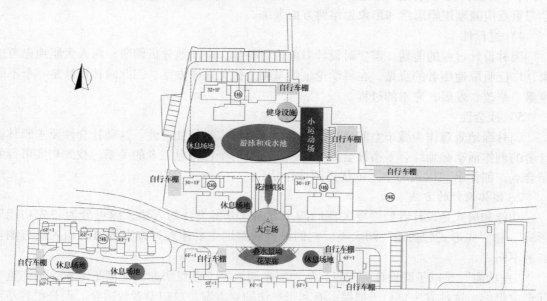

图 11－2　某居住区园林景观方案图

详细设计阶段是方案设计的深化，对方案设计进行全面、深入、详细的修改和调整，具体包括确定各个园林设计元素的形状、尺寸、色彩和材料，完成各局部详细的平立剖面图、详图、园景的透视图或鸟瞰图等。

施工图设计阶段是将园林设计与园林施工连接起来的中间过渡环节，根据前期确定的设计方案，结合各工种的要求分别制定出能具体、准确地指导施工的各种图纸，要求清楚地表示出各项设计内容的尺寸、位置、形状、材料、种类、数量、色彩以及构造和结构，最终完成园林设计施工平面图、地形设计图、种植平面图、园林建筑施工图等。

在校学生所进行的园林设计大部分集中于方案设计阶段和详细设计阶段，本书重点介绍园林方案设计。

1. 园林设计的特点与要求

园林设计本身是个复杂的过程，不同于制图技巧的训练，其特点可概括为创造性、综合性、双重性、过程性和社会性。

1）创造性

同建筑设计一样园林设计过程也是一种创造活动，需要创作主体具有丰富的想象力和灵活开放的思维方式。对初学者而言，创新意识和创造能力的培养应该是其专业学习和训练的目标。

2）综合性

园林设计包含小型建筑工程、生物、社会、文化、环境、行为、心理等众多学科。此外园林绿地类型多种多样，有道路、湖水、广场、居住区绿地、公园、风景区等。作为一名园林设计者，必须对相关学科知识体系有一定了解和认识，并能够在设计工作中加以灵活运用。

3）双重性

园林设计作为一门设计课程，其思维活动表现为思维方式的双重性特点。园林设计过程可概括为分析研究→构思设计→分析选择→再构思设计……如此循环发展的过程。在每一个"分析"阶段，设计者主要运用逻辑思维，而在"构思阶段"则主要运用形象思维。因此，学习重点应兼顾逻辑思维和形象思维两方面训练。

4）过程性

园林设计过程的前期，需要对设计对象进行科学、全面地分析调研，深入大胆地思考想象，广泛听取使用者的意见，在科学论证的基础上优化选择方案。因此园林设计是一个不断推敲、修改、发展、完善的过程。

5）社会性

园林绿地景观作为城市空间环境的一部分，具有广泛的社会性。这种社会性要求园林设计者的创作活动必须综合平衡社会效益、经济效益与个性特色三者的关系，找到切实可行的结合点，创作出"以人为本"的优秀园林作品。

2. 园林设计的方法

功能和形式是设计者始终要关注的两个方面。方案设计的方法大致可分为"先功能后形式"和"先形式后功能"两大类。它们最大的差别主要体现为方案构思的切入点与侧重点的不同。

"先功能"是以平面设计为起点，从功能平面入手，重点研究功能满足需求，再注重空间形象组织。这种方法更易于把握，有利于尽快确立方案，对初学者较适合。但是很容易使空间形象设计受阻，在一定程度上制约了园林形象的创造性发挥。

"先形式"则是从园林的地形、环境入手，进行方案的设计构思，重点研究空间组织与造型，然后再进行功能的填充。这种方法更易于自由发挥个人的想象与创造力，设计出富有新意的空间形象。但是后期的功能调整工作有一定的难度，初学者一般不宜采用。

上述两种方法在设计中经常同时交替进行，设计方案在满足使用功能的同时，也必须注重空间形式的表达。

# 11.2  设计前期工作

## 11.2.1  解读设计任务书

任务分析的目的是通过对设计委托方具体要求、地段环境、经济因素和相关规范资料等重要内容作系统、全面的分析研究，为方案设计确立科学的依据。

1. 任务书组成

设计任务书是建筑及园林环境方案设计的指导性文件。其内容包括项目名称、立项依据、规划要求、用地环境、使用对象、设计标准、房间内容、工艺资料、投资造价以及工程有关参数等等。表11-3列举了建筑工程项目任务书的内容。

**表 11－3　建筑工程项目任务书的内容**

| 序号 | 名称 | 内容 | 备注 |
|---|---|---|---|
| 1 | 项目名称 | 明确设计对象的性质 | |
| 2 | 立项依据 | 凡是实际工程项目必须有上级主管部门的有关批文，在计划和投资落实的条件下方可委托设计 | 即使是工程招标或工程设计竞赛，在设计任务书中也应标出主办单位的法律手续 |
| 3 | 规划要求 | 实际工程的用地范围由规划部门核准同意划出该工程的用地边界，并附规划设计要点。即从总体规划设计的要求中，提出对该工程项目的具体规定 | 如建筑退让红线或边界的要求、拟建建筑物的高度限制、建筑容积率、建筑密度、绿地率，还可能包括建筑造型、色彩等各种具体限定 |
| 4 | 用地环境 | 阐述用地周边环境条件以及用地内环境条件 | 道路、相邻建筑物现状、景观、朝向等；地形、地貌、保留物、上空与地下的情况等 |
| 5 | 使用性质 | 明确该设计项目的类型、使用性质。即使是同类型建筑，在性质上也会有差别 | 如幼儿园建筑设计，要知道是日托幼儿园还是全托幼儿园；是居住小区内的幼儿园还是师范大学的实验幼儿园，不同性质的幼儿园其设计要求和内容都有差别 |
| 6 | 使用对象 | 明确出该设计项目的使用对象 | |
| 7 | 设计标准 | 它涉及设计的多方面规定性，如功能完善程度、结构选用标准、装修材料档次、设备选用标准等 | 如旅馆建筑设计是青年旅社还是星级酒店；博物馆设是省级综合博物馆还是地方乡土文化博物馆等等 |
| 8 | 房间内容 | 这是设计任务书的主要构成部分，说明该设计项目所需要的各类房间及其面积规定 | 如小商店、别墅、茶馆等，房间数量从两、三间到十几间；教学楼、医院、博物馆等房间数量可达到几百间 |
| 9 | 工艺资料 | 许多技术性要求复杂的建筑设计必须服从工艺流程要求，对于这类建筑的设计任务书一般单独提出工艺资料要求 | 如博物馆中馆藏部分藏品的收藏、保护、管理工艺程序及专业房间的技术要求（防盗、防腐、温度、湿度等） |
| 10 | 投资造价 | 投资是工程项目资金的总投入，包括征地费、拆迁费、土建费、设备费、装修费、室外工程费以及各项市政管理费。造价是资金总投入平均到每平方米上的费用 | 设计任务书一般为计划投资，实际上往往要突破，形成追加投资 |
| 11 | 工程有关参数 | 某些任务书详尽说明了对设计有参考价值的数据 | 如气温、风向、降雨量、降雪量、地下水位、冰冻线、地震烈度等 |

　　课程设计任务书的编制以训练学生掌握建筑或园林设计基本方法为目标，是有目的、有计划的教学文件。大部分高校的课程设计为了给学生提供具有可操作性的实际工程项目，同时又能达到设计教学的训练内容，在编制任务书时均以真实的环境条件为背景，进行有针对性的训练。课程设计任务书的基本内容应包括设计任务、设计内容、设计要求、成果要求、教学进度、参考文献等内容。

　　2. 任务书的解读

　　设计者在进行设计之前必须通读任务书，读懂任务书，找出关键问题、准确理解题意，把握明确的设计目标，为设计路线探明途径。解读设计任务书包含的关键问题：

1）命题

任务书中的命题即规定的设计目标。设计者能够初步了解设计的功能定位、规模大小、服务对象、服务范围、所处环境等，通过对这些或直观、或隐喻、或含蓄的信息进行认真分析研究，能够理解设计任务的主要意图。

2）环境

任务书中的环境条件通过文字描述和地形图给出。设计者应将两种信息结合在一起进行分析思考，在头脑中建立空间形象，有助于加强环境设计意识。例如任务书中规定用地环境内保留一颗古树，首先应对其进行分析，古树具有一定的观赏价值，作为重要的设计要素，在设计中如何利用这一特点？设计在建筑院落空间环境内，或是结合城市景观，或是建立建筑与古树的特殊关系等多种设计思路，取决于设计任务书的其他具体条件和设计者的设计理念。

3）要求

设计任务书中一般包括功能分区合理，交通流线明确等基本要求。特殊类型的建筑会提出特殊要求，如交通类建筑对车行路线和人行路线提出更高的要求；老年建筑对无障碍设计要求更明确。

## 11.2.2 设计信息的收集与分析

优秀的方案设计建立在扎实的准备基础上。在理解了任务书之后，需要收集大量有效的相关信息，对环境条件进行全面、系统的调查分析，为设计提供细致、可靠的依据。

### 1. 了解使用者的需求

建筑设计之前应充分了解使用者的要求。例如别墅建筑设计，首先应设计卧室、餐厅、客厅、书房、卫生间等满足一般功能的基本房间，同时要考虑别墅主人的生活习惯、特殊爱好等方面的内容。如果是钢琴家，就需要设计一间琴房；如果是画家，就需要设计画室；如果是收藏爱好者，就要根据收藏的种类设计不同的空间。充分了解使用者的需求，才能设计出合理完善的建筑方案。

园林绿地所处位置的不同、服务人群不同，对设计也有不同的影响。如商业区道路绿化主要服务对象是购物者和游人，旨在提供良好的购物外环境和短暂休憩区域；居住区道路绿化主要是为居民服务，可设置一些供老人、儿童活动的景观娱乐场所。

### 2. 掌握基地环境的现状

任何一个设计项目均建立在指定的基地上。每一块用地都不是孤立存在的，其内、外有很多影响设计的限制条件和决定设计方向的重要因素。设计之初要掌握基地内部和基地周边环境的内容及特点。

基地环境的内容主要包括地段环境、人文环境和城市规划设计条件三个方面。

1）地段环境

（1）基地自然条件和市政设施：地形、地貌、水体、土壤、地质构造、植被等信息。分析地形地貌，考虑哪些现状可以保留的，哪些可以改造利用的；用地上空如有高压线，思考有效回避或迁移的设想；如果地下有暗河、暗管要考虑有效的解决措施等。

（2）气象资料：日照条件、温度、风、降雨、小气候等。分析当地的气候特点，提出建筑布局最理想的方式；分析日照，了解周围建筑对用地可能产生的阴影问题以及拟建建筑对周围建筑的日照影响；分析常年的主导风向，提出污染源布局的合理位置。

（3）周边建筑：地段内外相关建筑及构筑物状况（含规划的建筑）。

（4）道路交通：现有及未来规划道路及交通状况；从用地周围的道路状况进行分析，了解到不同级别道路的性质、车流量的大小、人流方向等。这些分析结果会对设计产生决定性的影响。

2）人文环境

（1）城市性质环境：明确城市性质，如政治、文化、金融、商业、旅游、交通、工业及科技城市；特大、大型、中型、小型城市。

（2）地方文化风貌特色：对用地所在的城市分析城市的文化传统，了解某一建筑或园林风格的历史沿革，为后期形式创作提供借鉴；再对其所在位置进行分析，了解用地与城市各个要素之间的相互关系及紧密程度，如是否在城市中心区，是否为城市标志性建筑或景观等，从城市景观的角度提出关于建筑布局、体量和高度的思考。

3）城市规划设计条件

该条件由城市管理职能部门依据法定的城市总体发展规划提出，其目的是从城市宏观角度对每项具体建设项目提出若干控制性限定要求，以确保城市整体环境的良性运行与发展。设计前应了解设计项目用地范围、面积、性质及基地范围内构筑物高度的限定、绿化率要求等。

不同的设计项目和不同的基地条件，设计者还有很多基地的信息需要获取。

3. 搜集相关资料及调研

搜集并使用相关资料，对于建筑及园林设计非常重要。资料的搜集调研可以在第一阶段一次性完成，也可以穿插于设计之中进行。

1）资料搜集

初学者在设计前期大量搜集并阅读文献资料是非常必要的。相关资料的搜集包括规范性资料和优秀设计图文资料两个方面。专业性文献资料包括相关建筑及园林类型的设计原理、设计规范。这些内容无论是作为设计指导原则，还是设计应遵守的规则，对设计者的设计创作行为起着重要的作用，设计者掌握相关专业知识能减少设计的失误，从而使设计更加完善。优秀设计图、文资料的搜集包括该建筑或园林作品的总体布局、平面组织、空间组织、立面造型设计等方面。

2）实例调研

调研实例的选择应本着性质相同、内容相近、规模相当、方便实施，并体现多样性的原则，调研的内容包括一般技术性了解（对设计构思、总体布局、平面组织和空间组织的基本了解）和使用管理情况调查两部分。调研最终成果应以图、文并茂形式表达。

4. 解析内部设计条件

内部的设计条件是指设计任务书对设计对象的相关规定，如房间组成、面积及设计要求等。这些设计条件决定着功能布局的原则、空间组织方式、形体构成形式及综合处理各种设计矛盾的方法等。

平面功能分析的任务是将任务书中给出的若干房间有机地组成一个有序的、相互紧密结合在一起的功能体系。这个过程需要设计者运用逻辑思维的方法将这些功能关系进行抽象的、概念的图示表达。这一分析的过程强调的不是房间的形状与大小，而是房间之间的配置关系。理清所有的房间关系之后，用抽象符号泡泡来代表各个房间，并用线按照相互关系连接起来，这就是功能分析图，如图 11 - 3 所示。

图 11 - 3　某住宅设计功能分区（图片来源《建筑设计基础 P67》田云庆等编著）

# 11.3　设计程序与过程

设计前期准备工作是开始设计的必要环节，方案设计的探索阶段则是整个方案设计的关键环节，在方案立意构思确定之后进行方案的探索和建构，提出若干方案进行比较分析，综合各自特点确定深入方案，将方案进一步完善深化，最后完成建筑方案设计。

## 11.3.1　设计的立意与构思

设计准备工作完成后，应把握整体的设计思路，预先设想最后的设计目标，这就是设计的立意和构思阶段。

1. 立意

立意是指确立创作主题的意图理念。这种理念有时是清晰明确的，有时是笼统模糊的，但这个理念影响着设计的发展方向，体现设计的思想内涵。

许多建筑大师的作品之所以感人并流芳百世，很重要的一点在于他们的创作立意新颖，独树一帜。例如赖特的流水别墅（图 11 - 4），柯布西耶的朗香教堂（图 11 - 5）。

图 11 - 4　赖特的流水别墅
（图片来源 www.shzdsj.com）

图 11 - 5　柯布西耶的朗香教堂
（图片来源 www.archcy.com）

想象力是每个人都具备的，但每个个体头脑中知识、经验、信息储备量是不同的，"优秀的设计师往往有丰富的想象力"。创造性的思维是要结合过去的经验，对已知的信息组合、碰撞，从而诱发新的意念，提出新的见解，创造新的形象。灵感从表象上看是偶然的，实际是建立在丰富的知识和经验的基础上的。设计者头脑中储存的知识信息量越大、密集度越高，意味着他的想象力越丰富，灵感来得快、来得多。很显然，知识与经验的积累是立意产生的基础。

**2. 构思**

构思是指按照立意，以独特的、富有表现力的建筑语言表达设计的过程，这个思考过程贯穿建筑设计始终，以保证建筑创作构思的整体性。

建筑学集各学科之大成，全面反映社会、政治、经济、文化、科技等的变化，在学科上融入了环境学、生态学、社会学、行为学、心理学、美学以及技术科学等很多领域。所有这些方面，既对建筑设计起着限制约束的作用，又有可能成为建筑创作的构思源泉。好的设计构思应该是对方案的环境、功能、形式、技术、经济、材料、文化等方面最深入的综合提炼的结果。

建筑设计中的环境、功能、形式、技术是一个整体，设计者可以从某一设计要素切入，综合其他设计要素进行建筑创作。进行方案构思可以从以下几个方面考虑：

1）从环境角度构思

建筑存在于某特定环境中，从建筑用地本身的地形地貌，到用地周边的道路、广场、绿化、景观、建筑物，再到建筑所在的城市，最后可以放大到所在地区的自然环境和人文环境。这些环境条件都可能会对创作构思给予某种启示，设计者应以敏锐的眼光捕捉到环境构思的灵感，例如贝聿铭设计的卢浮宫改扩建项目，如图 11-6 所示。

图 11-6 贝聿铭设计卢浮宫改扩建项目
（图片来源 昵图网 www.nipic.com）

2）从平面功能关系角度构思

建筑功能问题是反映人的一种生活方式，不同类型的建筑功能要求反映使用者不同的生活秩序与行为。在进行创作构思时，设计者不能仅为满足功能的适应性而忽略创新性，应该发挥创作的主观能动性，并通过平面构思创作新的生活方式。图 11-7 所示为城市夹缝中的休闲会所设计，该方案设计将会所的多媒体视听空间、阅读空间、展示空间等多种不同功能的空间，设计在几个虚实、高低不同的矩形和圆形体块中，既解决了不同的空间要求，又暗示了城市空间的多元组合。

3）从造型的角度构思

从建筑形式角度构思不能仅停留在造型处理手法上，还应考虑多种设计条件，避免陷入形式主义。建筑作为石头的史书，记载着历史、文化的足迹，其造型创作应反映当地文化传统、体现地域文化特征，如图 11-8 所示。

建筑造型构思可以运用隐喻的方法，具有形象特征，如图 11-9 悉尼歌剧院，外形犹如

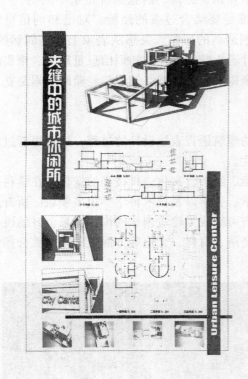

图 11 - 7　城市中的休闲会所设计（摘自《建筑设计进阶教程设计初步》浙江大学建筑系、二年级教学组著）

图 11 - 8　西藏博物馆（图片来源http：//images. quanjing. com）

图 11 - 9　悉尼歌剧院（图片来源http：//travel. hebei. com. cn）

即将乘风出海的白色风帆，与周围景色相映成趣。建筑造型也可以从大自然中寻找灵感，设计成仿生建筑。例如位于巴西安格拉多雷斯港的叶之屋（图 11 - 10 和图 11 - 11），俯视该建筑看起来就像是一朵巨大的花朵，拥有 6 个对称的花瓣，每片像叶子形状的花瓣之下就是这座房屋的每一间房间。

　　4）从结构设计角度构思

　　该构思过程是对建筑整体的支撑体系进行分析思考，使其与功能、经济、艺术等多方面的要求紧密结合。设计者应对各种结构形式的基本力学特点及其适用范围有所了解，在设计过程中与结构工程师交流合作，完成整体设计。这种构思方式在体育类建筑、观演类建筑以及展览类建筑中取得比较好的效果。图 11 - 12 所示为北京国家体育场，建筑造型与结构形式相辅相成。

　　5）从表皮设计角度构思

　　表皮指建筑物的外围护结构，由基本的建筑材料组成，例如砖、玻璃、金属、木头等，体现出不同材料的质感、肌理、色彩等特性。设计者进行表皮构思设计应重点思考建筑表皮材质的表现力、关注材料与结构之间的统一关系，如图 11 - 13 所示。

图 11 – 10　叶之屋全景

（图片来源 http：//www.tczycn.com）

图 11 – 11　叶之屋入口

（图片来源 http：//www.tczycn.com）

图 11 – 12　北京国家体育场

（图片来源 昵图网 www.nipic.com）

图 11 – 13　北京国家游泳馆

（图片来源 昵图网 www.nipic.com）

　　建筑创作构思的角度还有很多，如从空间的角度、技术角度、经济角度、哲学思想的角度等。这些构思因素不是孤立存在的，它们相互关联，设计者应根据实际设计条件，以某一独特构思为突出特征，综合运用其他因素作为辅助构思手段，使方案设计更胜一筹。

　　立意构思阶段确定的设计思路并不是一成不变的，在设计过程中面对新的影响因素，应随时调整、完善构思。当设计者确立了设计目标，找出了设计特色，明确了设计方法，接下来就进入到方案的建构阶段。

### 11.3.2　方案的建构

　1. 总平面布局

　　方案设计从整体出发，以总平面的设计作为起点。设计的建筑物不能脱离任务书给定的基地条件，建筑与环境的关系是需要解决的主要矛盾。总平面设计中主要考虑的问题是主次出入口位置和总平面的布局关系。

　　基地的主要出入口位置应迎合主要人流方向。根据前期收集的信息分析基地周边的道路数量、车流量、人流量，判断主要的人流方向，如图 11 – 14 所示。

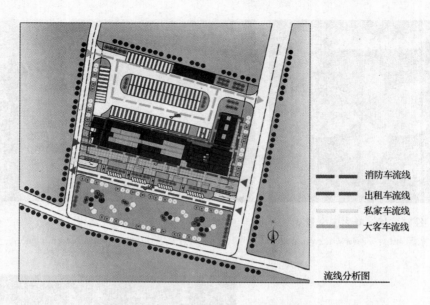

图 11 - 14 某汽车站总平面流线分析图

　　确定基地的出入口除了根据周边道路关系，还要考虑拟建建筑与基地外建筑的整体关系，建筑之间的消防间距和消防通道的设置，能够满足日照、通风、采光、视距等要求的外部空间，还要为扩建预留室外场地做好规划。图 11 - 15 所示为幼儿园总平面设计，考虑孩子们的室外活动场地与室内活动室联系紧密，后勤厨房区域需要室外院落空间等。

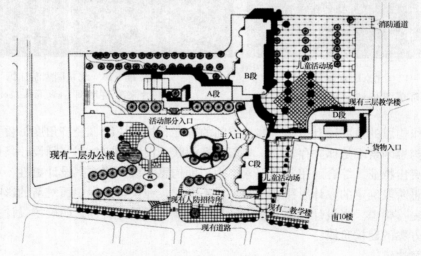

图 11 - 15 清华大学洁华幼儿园总平面设计

　　**2. 建筑内部功能分区与房间布局**

　　建筑的使用要求是主要解决的问题。设计初始先将任务书提出的房间按照功能性质同类项合并成若干功能区，简化分析功能空间的关系。例如，博物馆内的各个房间归纳成公共服务区、展厅、藏品区和管理区几大类；旅馆内房间归纳为住宿区、餐饮区、后勤区和管理区等。功能分区有利于设计过程中更好地把握住建筑整体的关系框架。

3. 交通流线分析

交通流线分析是指用流线串接方法进一步理顺建筑水平与竖向的功能关系。对交通空间的表现展示了进入各个功能空间的过程，如从室外到室内的转换，从一个空间到另一个空间的过渡，以及行进与停顿的节奏变化等。水平流线分析是确定各层水平交通的设置方式；垂直流线分析是垂直交通设施布局的考虑。建筑内垂直交通的解决主要依靠楼梯、电梯和自动扶梯。

4. 方案生成

根据方案探索过程中发现的问题和矛盾，对方案进行反复推敲，使方案尽可能与设计要求结合。方案初步生成后，应根据设计要求和立意，对方案进行检验和评价，检验设计是否贯彻了最初的设计意图、实现了立意构思。

## 11.3.3　设计方案的比较与完善

设计者在开始构思时应考虑多个构思，形成若干个方案雏形，进行多方案比较，择优选择相对更合理的方案。这种方法对于初学者非常有益的，可以起到训练思维、开拓思路的作用。

经过多方案比较所选择的可供发展的方案，具备一定优势，但还存在很多需要完善的地方，设计者应在保持其原有特色的前提下，吸收其他比较方案的长处。

1. 多方案比较的必要性

影响建筑及园林设计的因素很多，认识和解决问题的方式及结果是多样的、相对的和不确定的，因此设计方案呈现出多样性。即使在同一个设计构思的前提下，在方案建构的过程中会因为某一关键性问题的解决方式不同形成不同的设计方案。设计者应分析利弊，抓住设计的主要矛盾，选择最佳的解决方法。如果设计没有偏离正确的设计方向，所产生的不同方案就没有对错之分，而只有优劣之别。

多方案构思可以拓展设计思路，从不同角度考虑问题，从中进行分析、比较、选择，最终目的是获得一个相对优秀的实施方案，如图 11 - 16 和图 11 - 17 所示。

美国现代主义园林开拓者之一、著名园林设计师盖瑞特·爱克堡（Garrett Eckbo）早在学生时期就十分注重方案的研究。为了研究城市小庭园的设计，爱克堡在进深仅 7.5m 的基地上做了多个不同的方案，图 11 - 18 所示为其中的四个设计方案。

由于庭园空间狭窄，空间设计着重考虑整体布局设计要素及其形式。图 11 - 18（a）和（d）分别以大片台地草坪和下沉水池为空间主要内容，以小水池、绿篱和平台等为辅助内容。图 11 - 18（b）以 45°斜线为平面构图依据，布置规整铺装、绿篱和种植坛，使得较小空间在规整简洁中保持了相对丰富的视线与行走节奏。图 11 - 18（c）也用斜线布置地面，弧形与渐转台阶级划分了大小不同的地面，地面与基地周边剩余空间点缀植物和小建筑。图 11 - 18（a）和（c）中用到的一些建筑小品，既分隔了空间，又丰富了庭院空间层次。

2. 多方案构思的原则

为了实现方案的优化选择，多方案构思应该满足以下原则：

（1）多出方案，尽可能使方案间差别较大。差异性保障方案的可比较性，相当的数量则保障了科学选择所需要的足够空间范围。通过多方案构思实现设计整体布局、形式组织及造型设计的多样性与丰富性。

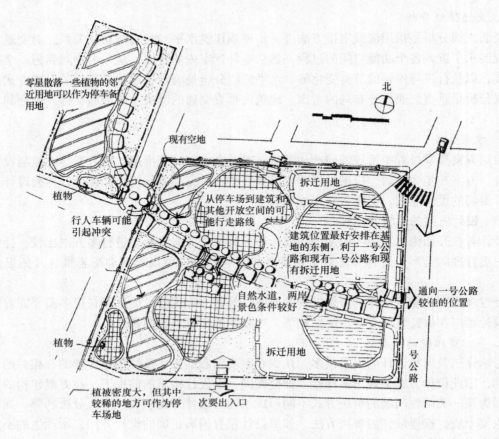

零星散落一些植物的邻近用地可以作为停车备用地

植物

行人车辆可能引起冲突

现有空地

拆迁用地

北

从停车场到建筑和其他开放空间的可能行走路线

建筑位置最好安排在基地的东侧，利于一号公路和现有一号公路和现有拆迁用地

自然水道，两岸景色条件较好

通向一号公路较佳的位置

植物

拆迁用地

一号公路

植被密度大，但其中较稀的地方可作为停车场地

次要出入口

图 11-16　某基地现状条件分析

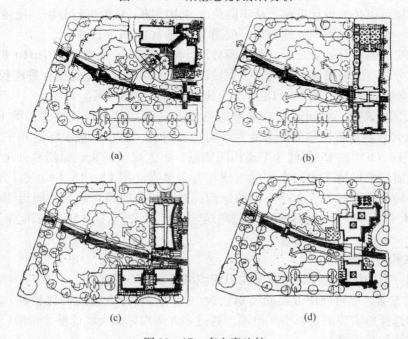

(a)

(b)

(c)

(d)

图 11-17　多方案比较

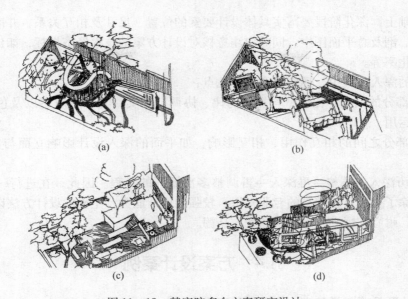

图 11 - 18  某庭院多个方案研究设计

（a）以自然线形的占地、绿篱和水池组成的空间；（b）以 45°斜线为平面构
成骨架，形成规整简洁的空间；（c）用与基地倾斜的规整平面为主要活动空
间，剩余部分用于种植；（d）以水面，汀步为主要空间

（2）提出的任何方案都必须满足设计环境需求与基本的功能。比较过程中应随时否定
那些不现实、不可取的构思，以免浪费不必要的时间和精力。

3. 多方案的比较、优化

多个方案分析、比较的重点应集中在三个方面：

1）比较设计要求的满足程度

是否满足基本设计要求，是衡量一个方案是否合格的起码标准，包括功能、环境、结构
等诸多因素。

2）比较个性特色是否突出

缺乏个性的方案平淡乏味，难以给人留下深刻的印象。

3）比较修改调整的可能性

有的方案难以修改，无法使设计方案深入，如果进行彻底修改会带来新的更大问题，失
去原有方案的特色和优势，对此类方案应给予足够的重视，以防留下隐患。

4. 方案的调整与深入

通过比较选择出最佳方案后，为达到设计方案的最终要求，还需要进行修改、调整和
深化。

1）方案的调整

方案调整阶段的主要任务是解决多方案分析、比较过程中所发现的矛盾与问题，并弥补
设计缺陷。调整应控制在适度范围内，力求不影响或改变原方案的整体布局和基本构思，并
能进一步提高方案已有的优势水平。

2）方案的深入

方案的设计深度仅限于确立一个合理的总体布局，交通流线组织、功能空间组织等。方

案调整的基础上，深化阶段要落实具体设计要素的位置、尺寸及相互关系，并准确无误地反映到平、立、剖及总平面图中。同时应注意核对设计方案的技术经济指标，如建筑面积、铺装面积、绿化率等。

在方案的深入过程中，还应注意以下几点：

（1）各部分的尺度、比例、均衡、韵律、协调、虚实、光影、质感以及色彩等原则规律的把握与运用。

（2）各部分之间的相互作用、相互影响，如平面的深入设计影响立面与剖面的设计，反之亦然。

（3）经历深入→调整→再深入→再调整多次循环的过程。因此，在进行一个方案设计的过程中，除了要求具备较高的专业知识、较强的设计能力、正确的设计方法以及极大的兴趣外，细心、耐心和恒心是不可少的素质品德。

# 11.4　方案设计案例

## 11.4.1　设计题目"某学院南大门及周边环境设计"

1. 设计任务书

**某学院南大门及周边环境设计**

| 教学目的 | 1. 学习小型建筑形态设计的基本方法。<br>2. 了解室外环境设计的基本知识，设计要素及设计原则，树立正确的设计思想。<br>3. 掌握多种外部环境设计效果图的表现技法 |
|---|---|
| 设计内容 | 对某校即将开通的南校门及其周边环境进行合理设计，其中包括门卫用房设计，面积可控制在 20 ~ 30m² 左右 |
| 设计要求 | 1. 校门美观，能够体现一个正在发展壮大的综合性大学的精神风貌，并与校园的整体风格相协调。<br>2. 环境设计首先满足实用要求，合理进行人车分流，营造缓冲和引导空间，其次与校园的整体规划相呼应 |
| 成果要求 | 1. 总平面图，1:500<br>2. 平面图，1:100<br>3. 立面图（2个），1:100<br>4. 剖面图，1:100<br>5. 大门透视图或者模型照片<br>6. 图幅：二号图，墨线淡彩<br>7. 设计说明 |
| 评判要求 | 整体的创新；功能的合理性；制图与表现技法；结构、构造的合理性、可能性等 |

2. 大门设计方案一

该设计方案采用简洁的几何形为主题，整体造型简洁清新。大门平面设计考虑了人车分流，留有缓冲和引导空间，设计较为合理。如图 11 - 19 和图 11 - 20 所示。

3. 大门设计方案二

该方案立面造型才用线形元素为主体，与体块状的门柱形成强烈对比。线形祥云图案象征了城市四通八达的道路，寓意学校蓬勃向上发展与海纳百川的精神内涵。大门平面两侧为人行空间，中间车辆通行，体现人车分流的设计理念，如图 11 - 21 ~ 图 11 - 24 所示。

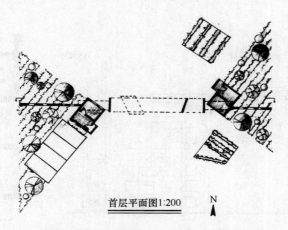

首层平面图1:200　　N

图 11－19　大门设计方案一（平面图）

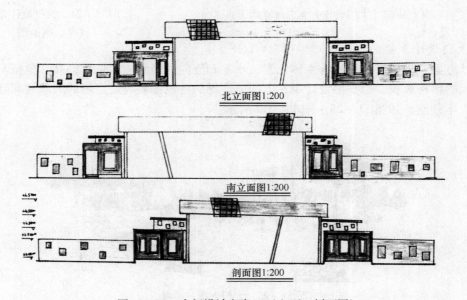

北立面图1:200

南立面图1:200

剖面图1:200

图 11－20　大门设计方案一（立面、剖面图）

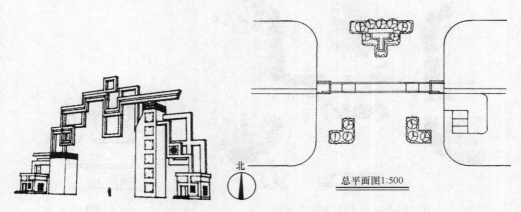

北　　　　　总平面图1:500

图 11－21　大门设计方案二（效果图）　　图 11－22　大门设计方案二（总平面图）

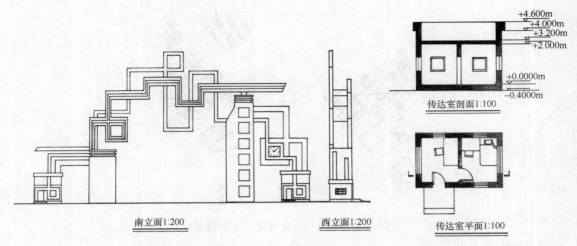

+4.600m
+4.000m
+3.200m
+2.000m

+0.0000m
-0.4000m

传达室剖面1:100

传达室平面1:100

南立面1:200          西立面1:200

图 11-23　大门设计方案二（立面图）　　　　图 11-24　大门设计方案二
　　　　　　　　　　　　　　　　　　　　　　　　　　　　（平、剖面图）

### 4. 大门设计方案三

　　设计方案三采用层叠板片为主体元素，水平和竖向的两组板片依次升高，象征学校逐步发展壮大的精神面貌。总平面设计中，大门前广场的特色铺装与后广场的大草坪相呼应，并考虑了人车分流，如图 11-25~图 11-30 所示。

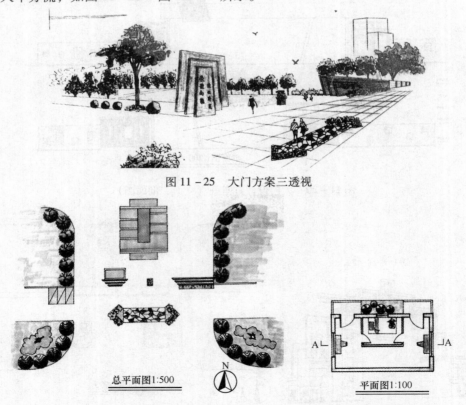

图 11-25　大门方案三透视

总平面图1:500          平面图1:100

图 11-26　大门方案三总平面　　　　　图 11-27　大门方案三平面

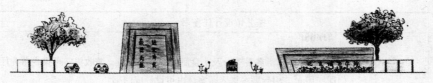

南立面1:200

图 11-28  大门方案三正立面

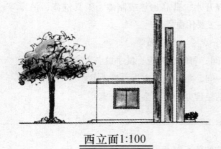

西立面1:100

图 11-29  大门方案三侧立面

A—A′剖面图1:100

图 11-30  大门方案三剖面

## 11.4.2  设计题目"茶艺馆设计"

1. 设计任务书

<table>
<tr><td colspan="3" align="center">茶艺馆设计任务书</td></tr>
<tr><td>教学目的</td><td colspan="2">1. 学习小型公共建筑设计的一般原理。<br>2. 熟悉人体尺度、基本功能空间的比例与尺度。<br>3. 学习公园茶室设计的特点，注意建筑物本身与环境之间的关系处理。<br>4. 学会用墨线淡彩绘制建筑方案设计的效果图。<br>5. 进一步熟悉草图绘图技法</td></tr>
<tr><td rowspan="3">设计任务</td><td colspan="2">拟在某城市景区公园内新建一中档小型茶室。茶室以品茶为主，兼供简单的食品、点心，是客人交友、品茶、休憩、观景的场所</td></tr>
<tr><td>设计要求</td><td>1. 解决好总体布局、功能分区、出入口、停车位、客流与货流的组织以及与环境的结合等问题。<br>2. 应对建筑空间及造型进行整体处理，以求构思新颖，结构合理。<br>3. 营业厅为设计的重点部分，应注重其室内空间设计，创造与建筑风格相适应的室内环境气氛</td></tr>
<tr><td>技术指标</td><td>1. 总建筑面积控制在 400m² 内（按轴线计算，上下浮动不超过 5%）。<br>2. 面积分配（以下指标均为使用面积）：<br>A. 客用部分<br>·营业厅：200m²。可集中或分散布置，座位 100~120 个。营造富有茶文化的氛围，空间既有不同的分隔，又有相互的流通和联系</td></tr>
</table>

199

| | | 茶艺馆设计任务书 |
|---|---|---|
| 设计任务 | 技术指标 | ·付货柜台：15m$^2$。各种茶叶及小食品的陈列和供应，兼收银。可设在营业厅或门厅内。<br>·门厅：10m$^2$。引导顾客进入茶室。也可设计成门廊。<br>·卫生间：12m$^2$。男、女各一间，各设 2 个厕位，男厕应设 2 个小便斗，可设盥洗前室，设带面板洗手池 1～2 个。<br>　B. 辅助部分<br>·备品制作间：15m$^2$。包括烧开水、食品加热或制冷、茶具洗涤、消毒等；要求与付货柜台联系方便。烧水与食品加工主要用电器。<br>·库房：8m$^2$。存放各种茶叶、点心、小食品等。<br>·卫生间：6m$^2$。男、女各一间，每间设厕位、洗手盆各 1 个。<br>·更衣室：10m$^2$。男、女各一间，每间设更衣柜，洗手盆。<br>·办公室：24m$^2$。二间，包括经理办公室、会计办公室 |
| 图纸要求 | | 1. 总平面图 1：300（全面表达建筑与环境的关系以及周边道路状况）。<br>2. 首层平面图 1：100（包括建筑周边缘地、庭院等外部环境设计）。<br>3. 其他各层平面 1：100；立面图（2 个）1：100；剖面图（2 个）1：100；透视图（室内、室外）；模型 1：100；A1 图幅出图（594mm×841mm） |
| 参考书目 | | 1. 邓雪烟，等．餐饮建筑设计［M］．北京：中国建筑工业出版社，1999.<br>2. 建筑资料集编委会．建筑设计资料集［M］．2 版．北京：中国建筑工业出版社，1994.<br>3. 张绮曼，郑曙旸．室内设计资料集［M］．北京：中国建筑工业出版社，1991.<br>4. 黄小石著．咖啡馆设计［M］．沈阳：辽宁科学技术出版社，2000.<br>5.《饮食建筑设计规范》及各种现行建筑设计规范<br>6.《建筑学报》，《世界建筑》，《建筑师》等杂志中相关的文章及实例 |

2. 设计方案一

该设计方案总平面考虑了建筑出入口、停车位、客流与货流等流线组织，建筑平面功能分区合理，主要营业空间分为大厅公共区域和包间私密区域，并设计了室外休闲空间，如图 11－31～图 11－33 所示。

3. 设计方案二

设计方案二茶室主要营业空间分为动、静两个区域，静态区域设计为高档区，包间内设有小型庭院，营建良好的品茶休闲空间氛围。立面造型采用传统单坡屋顶，与现代大面积玻璃窗形成对比，体现传统与现代的融合，如图 11－34～图 11－38 所示。

4. 设计方案三

设计方案三—荷香舫，建筑模拟中国传统园林建筑中"舫"的造型，古朴典雅，如图 11－39～图 11－41 所示。

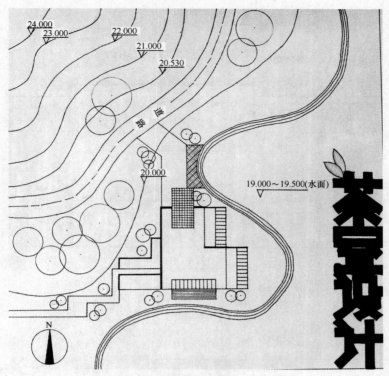

图 11 – 31   茶室方案一总平面图

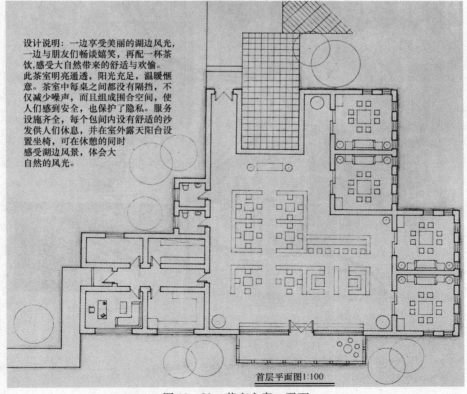

设计说明：一边享受美丽的湖边风光，一边与朋友们畅谈嬉笑，再配一杯茶饮,感受大自然带来的舒适与欢愉。此茶室明亮通透，阳光充足，温暖惬意。茶室中每桌之间都没有隔挡，不仅减少噪声，而且组成围合空间，使人们感到安全，也保护了隐私。服务设施齐全，每个包间内设有舒适的沙发供人们休息，并在室外露天阳台设置坐椅，可在休憩的同时感受湖边风景，体会大自然的风光。

首层平面图1:100

图 11 – 32   茶室方案一平面

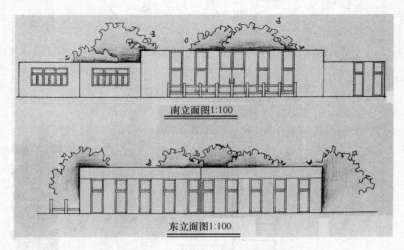

图 11-33 茶室方案一立面图

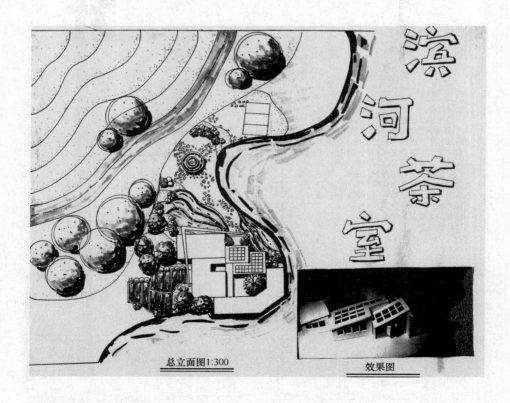

图 11-34 茶室方案二总平面

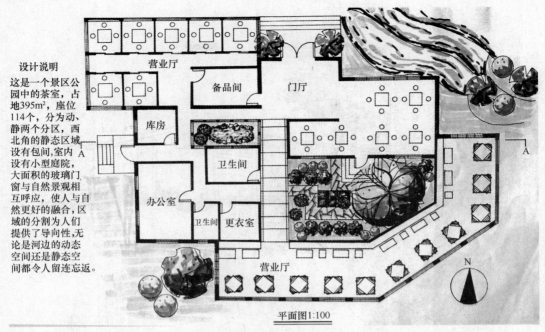

设计说明

这是一个景区公园中的茶室，占地395m²，座位114个，分为动、静两个分区，西北角的静态区域设有包间,室内设有小型庭院,大面积的玻璃门窗与自然景观相互呼应,使人与自然更好的融合,区域的分割为人们提供了导向性,无论是河边的动态空间还是静态空间都令人留连忘返。

平面图1:100

图 11 - 35　茶室方案二平面

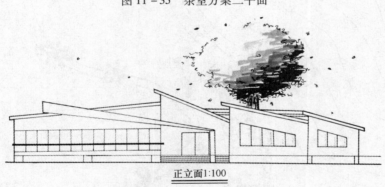

正立面1:100

图 11 - 36　茶室方案二正立面

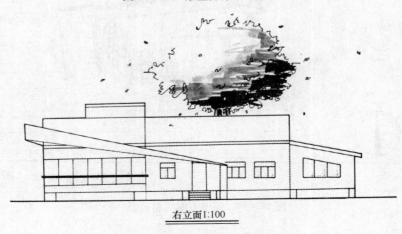

右立面1:100

图 11 - 37　茶室方案二侧立面

203

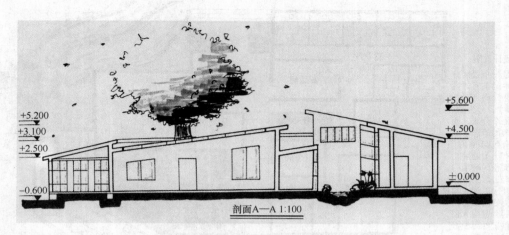

图 11 -38 茶室方案二剖面

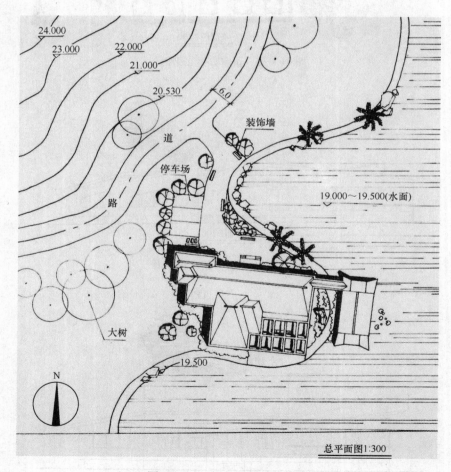

图 11 -39 茶室方案三总平面

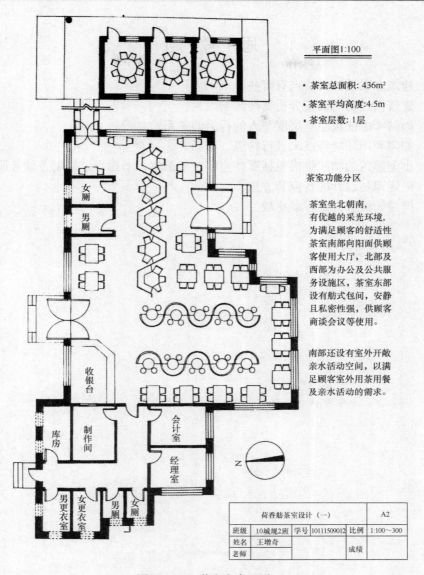

平面图1:100

• 茶室总面积: 436m²
• 茶室平均高度:4.5m
• 茶室层数: 1层

茶室功能分区

茶室坐北朝南,
有优越的采光环境,
为满足顾客的舒适性
茶室南部向阳面供顾
客使用大厅, 北部及
西部为办公及公共服
务设施区, 茶室东部
设有舫式包间, 安静
且私密性强, 供顾客
商谈会议等使用。

南部还设有室外开敞
亲水活动空间, 以满
足顾客室外用茶用餐
及亲水活动的需求。

女厕

男厕

收银台

库房

制作间

会计室

经理室

男更衣室　女更衣室　男厕　女厕

Z

| 荷香舫茶室设计（一） | | A2 | |
|---|---|---|---|
| 班级 | 10城规2班 | 学号 | 10111509012 | 比例 | 1:100~300 |
| 姓名 | 王增奇 | | |
| 老师 | | 成绩 | |

图 11－40　茶室方案三平面

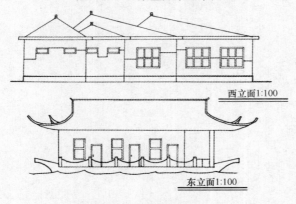

西立面1:100

东立面1:100

图 11－41　茶室方案三立面

205

# 思 考 题

11－1  建筑方案设计的特点有哪些？

11－2  建筑设计初期需要分析哪些影响因素？

11－3  如何考虑建筑空间尺度与人的行为的关系？

11－4  如何利用环境特点来进行构思、布局？

11－5  小型建筑的功能组成包括哪些内容？如茶室，书报亭，别墅，幼儿园等。

11－6  简述园林设计的特点和方法。

11－7  简述如何进行多方案比较。

# 参考文献

[1]  田学哲，郭逊. 建筑初步[M]. 3版. 北京：中国建筑工业出版社，2010.

[2]  东南大学建筑学院. 东南大学建筑学院建筑系一年级设计教学研究[M]. 北京：中国建筑工业出版社，2007.

[3]  朱德本，朱琦. 建筑初步新教程[M]. 上海：同济大学出版社，2009.

[4]  克里斯蒂安·根斯希特. 创意工具——建筑设计初步[M]. 马琴，万志斌译. 北京：中国建筑工业出版社，2011.

[5]  田庆云，胡新辉，程雪松. 建筑设计基础[M]. 上海：上海人民美术出版社，2006.

[6]  傅祎，黄源. 建筑的开始——小型建筑设计课程[M]. 2版. 北京：中国建筑工业出版社，2011.

[7]  中央美术学院建筑学院. 2007中央美术学院建筑学院优秀学生作品集[M]. 北京：中国建筑工业出版社，2007.

[8]  小林克弘. 建筑构成手法[M]. 陈志华，王小盾译. 北京：中国建筑工业出版社，2004.

[9]  黄源. 建筑设计初步与教学实例[M]. 北京：中国建筑工业出版社，2007.

[10]  Derek Osbourn. 建筑导论[M]. 任宏，向鹏成译. 重庆：重庆大学出版社，2008.

[11]  许超，黄丹. 立体构成[M]. 长沙：湖南美术出版社，2002.

[12]  浙江大学建筑系二年级教学组. 建筑设计进阶教程——设计初步[M]. 北京：中国电力出版社，2011.

[13]  包海滨，等. 建筑设计基础教程[M]. 上海：上海人民美术出版社，2010.

[14]  元萌，应小宇. 建筑设计 I[M]. 杭州：浙江大学出版社，2009.

[15]  龚静，高卿. 建筑初步[M]. 北京：机械工业出版社，2011.

[16]  中国建筑工业出版. 全国著名高校建筑系学生优秀作品选[M]. 北京：中国建筑工业出版社，1999.

[17]  同济大学建筑系建筑设计基础教研室. 建筑形态设计基础[M]. 北京：中国建筑工业出版社，2006.

[18]  翟幼林. 设计基础——空间设计初步[M]. 北京：人民美术出版社，2011.

[19]  陈楠. 平面构成[M]. 石家庄：河北美术出版社，2002.

[20]  蓝先林. 造型设计基础——平面构成[M]. 北京：中国轻工业出版社，2001.

[21]  贾倍思. 型和现代主义[M]. 北京：中国建筑工业出版社，2003.

[22]  陈芬霞. 设计意识——建筑的物态操作[M]. 天津：天津人民出版社，1996.

[23]  顾大庆，柏庭卫. 建筑设计入门[M]. 北京：中国建筑工业出版社，2010.

[24]  顾大庆，柏庭卫. 空间、建构与设计[M]. 北京：中国建筑工业出版社，2011.

[25]  爱德华·艾伦. 建筑初步[M]. 刘晓光，王丽华，林冠兴译. 北京：中国水利水电出版社，知识产权出版社，2010.

[26]  崔艳秋，姜丽荣，吕树俭，等. 建筑概论[M]. 北京：中国建筑工业出版社，2006.

[27]  石宏义. 园林设计初步[M]. 北京：中国林业出版社，2010.

[28]  建筑设计资料集编委会. 建筑设计资料集[G]. 北京：中国建筑工业出版社，1994.

[29]  何力. 历史建筑测绘[M]. 北京：中国电力出版社，2010.

[30]  王其亨. 古建筑测绘[M]. 北京：中国建筑工业出版社，2006.

[31]  杨秉德. 数字化建筑测绘方法[M]. 北京：中国建筑工业出版社，2011.

［32］　王小红．大师作品分析．［M］北京：中国建筑工业出版社，2008

［33］　沃尔夫冈·科诺，马丁·黑辛格尔．建筑模型制作——模型思路的激发［M］．刘华岳译．大连：大连理工大学出版社，2003.

［34］　澳大利亚 Images 出版集团．埃森曼建筑师事务所［M］．北京：中国建筑工业出版社，2005.

［35］　弗兰克·惠特福德，等．包豪斯：大师和学生们［M］．四川：四川美术出版社，2009.

［36］　郁有西．建筑模型设计［M］．北京：中国轻工业出版社，2007.

［37］　MORPHOSIS．墨菲西斯事务所最近的项目［M］．A．D．A EDITA TOKYO 出版社.

［38］　彭一刚．建筑空间组合论［M］．北京：中国建筑工业出版社，2004.

［39］　程大锦（Francis D．K．Ching）．建筑：形式、空间和秩序［M］．刘从红译．天津：天津大学出版社，2008.

［40］　亓萌，田轶威．建筑设计基础［M］．杭州：浙江大学出版社，2009.

［41］　刘剀，万谦．建筑设计学生作品集（华中科技大学一年级学生设计作品）［M］．武汉：华中科技大学出版社，2007.

［42］　田学哲，俞靖芝，郭逊，等．形态构成解析［M］．北京：中国建筑工业出版社，2011.

［43］　金广君．图解城市设计［M］．北京：中国建筑工业出版社，2010.

［44］　黎志涛．建筑设计方法［M］．北京：中国建筑工业出版社，2010.

［45］　王晓俊．风景园林设计［M］．3 版．南京：江苏科学技术出版社，1999.

［46］　诺曼．K．布思．风景园林设计要素［M］．北京：中国林业出版社，1993.

［47］　谷康．园林设计初步［M］．南京：东南大学出版社，2003.

［48］　王时刚．建筑钢笔画［M］．北京：中国水利水电出版社，2000.

［49］　大卫·里维斯．铅笔画技法［M］．北京：中国建筑工业出版社，1997.

［50］　邱建，等．景观设计初步［M］．北京：中国建筑工业出版社，2010.

［51］　丁山，曹磊，等．景观艺术设计［M］．北京：中国林业出版社，2011.

［52］　顾馥保，等．现代景观设计学［M］．武汉：华中科技大学出版社，2010.

［53］　陈新生．建筑钢笔表现［M］．3 版．上海：同济大学出版社，2007.

［54］　裴爱群．室内设计实用手绘教学示范［M］．大连：大连理工大学出版社，2009.

［55］　李明同，杨明．建筑钢笔手绘表现技法［M］．沈阳：辽宁美术出版社，2010.

［56］　克拉克，波斯．世界建筑大师名作图析［M］．3 版．汤纪敏，包志禹译．北京：中国建筑工业出版社，2009.

［57］　W·博奥席耶，O·斯通诺霍（瑞士）．勒·柯布西耶全集——第 1 卷·1910—1929 年［M］．牛燕芳，程超译．北京：中国建筑工业出版社，2005.

［58］　童寯．园论［M］．天津：百花文艺出版社，2006.

［59］　计成．园冶注释［M］．陈植注释．北京：中国建筑工业出版社，2009.

［60］　彭一刚．中国古典园林分析［M］．北京：中国建筑工业出版社，1986.

［61］　周维全．中国古典园林史［M］．3 版．北京：清华大学出版社，2008.

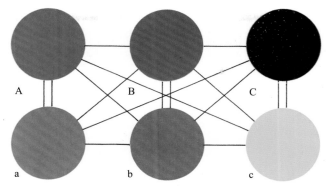

图 4-1　光的三原色（A、B、C）与物体的三原色（a、b、c）

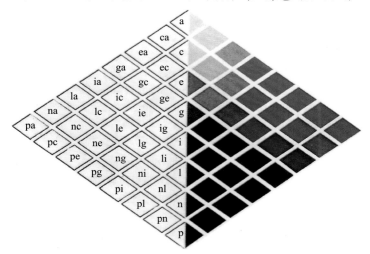

图 4-2　色彩三属性

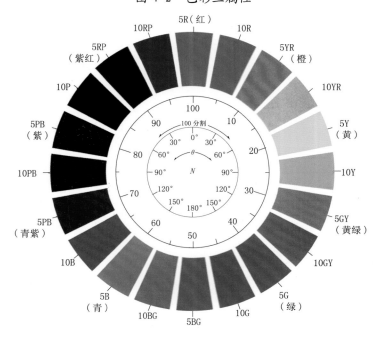

图 4-4　蒙赛尔色相环

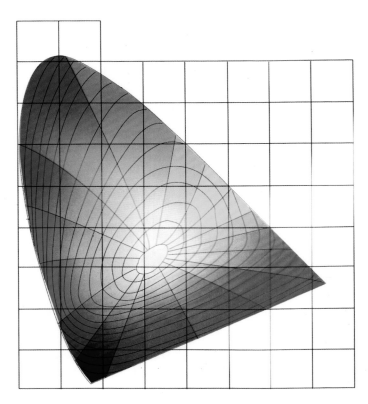

图 4-7　彩色 CIE 色度图

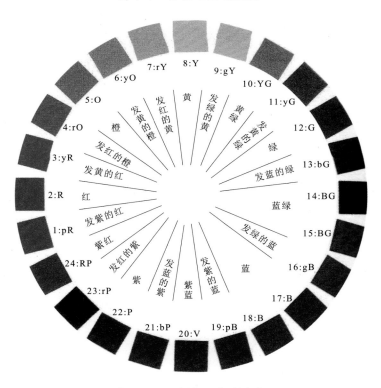

图 4-8　日本实用色彩坐标

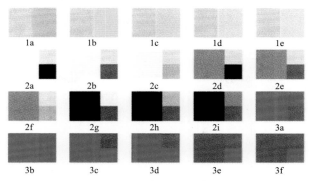

图 4-9　色彩的对比

图 4-10　同种色的调和

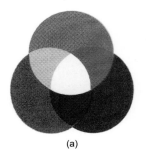
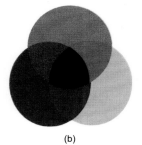

(a)　　　　　　　　　　　　(b)

图 4-11　加光混合、减光混合

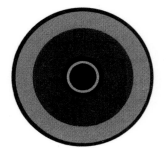

图 4-12　中性混合

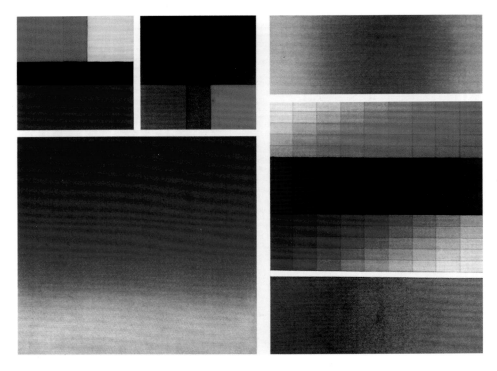

图 4-29　渲染示例

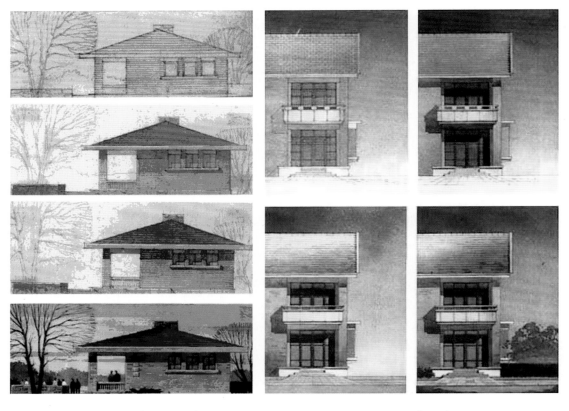

图 4-30　房屋渲染步骤　　　　　图 4-31　分步渲染示例

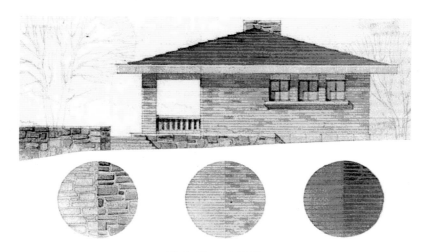

图 4-32　砖材质

图 4-33　屋顶

图 4-34　门窗

图 4-35　天空

图 4-36　树木

图 4-37　水面

图 4-38　草地山石

图 4-41　作品欣赏（三）

图 4-42　作品欣赏（四）

图 4-43　作品欣赏（五）

图 4-44　作品欣赏（六）